存故以新
乡村赋能与新生

FUSE NEW INTO PAST
EMPOWERMENT AND REGENERATION OF RURAL LIFE

孟凡浩 MENG FANHAO 著

北方联合出版传媒（集团）股份有限公司
辽宁科学技术出版社

新旧共生，再造田园——孟凡浩团队的乡村建设实践

HARMONY OF OLD AND NEW, RECREATION OF IDYLLIC LIFE – THE RURAL CONSTRUCTION PRACTICE OF MENG FANHAO'S TEAM

常青
中国科学院院士，同济大学建筑与城市规划学院
教授、博士生导师，中国建筑学会副理事长，上
海市建筑学会理事长

改革开放以来，我国城乡建成环境整体上发生了翻天覆地的变化，取得了跨越式发展的空前建设成就。而大规模的拆旧建新，也使其付出了历史文化的价值载体被严重削弱，甚至大量灭失的沉重代价。时至今日，传统与现代、保护与发展关系的矛盾症结并未消解，反而日益突显，成为我们所处时代的一大挑战，同时也激发了一批建筑界精英知难而上的专业创意。由孟凡浩领衔的line+团队在同济大学举办的主题设计六周年展——矛盾中的秩序，就令人瞩目地应对了这一时代挑战。

从这个主题展中可以看出，line+团队在体现中国式现代性的乡建创意设计中，抓住了新旧共生，再造田园的施展契机，既熟练于独具匠心的设计创意并付诸实施，又擅长于对历史文脉、空间功能、经济价值等资源要素的再组织及再平衡；既善于凝练本土的传统精华，也能够汲取外来的现代灵感；既探索了一般性村落的翻建提质或开发式更新，也尝试了历史文化名镇、名村和传统村落等历史环境的适应性再生。

这让我回想起2022年参加WA设计实验奖评审时，孟凡浩获得佳作奖的"松阳·飞蔦集"创意设计，巧妙地运用建筑类型学，通过新旧形式和功能的类比，提炼出可被识读的新旧转化类型，并以"拼贴"的理念和手法，将之整合到历史环境的肌理网络之中（Matrix），以留住传统的农耕乡土记忆，再造现代的生态风土田园。令人欣喜的是，这种新旧共生的创意设计，也使当代建筑本土化适应了社会文化和技术进步的新需求，以及"全球在地"的演进趋势。

然而，我们也清醒地认识到，在乡村建设实践中，受价值取向、发展阶段、地域差异、资源限制、实施条件等诸多因素影响，愿景与现实、理论与实践仍时常脱节，导致部分设计构想难以顺畅落实，预期效果难以充分呈现。但正是这些问题与挑战，

隐含着成长与进步的机遇。我坚信，像孟凡浩这样的新生代优秀建筑师及其line+团队，将会继续以自信的价值观坚守及审慎的工具选择投身其中，让传统与现代、保护与发展的矛盾在共生中不断得以化解，让乡村再造在守正创新中不断得以推进。让我们拭目以待。

甲辰秋末写于沪上

建筑师在乡村何为？

WHAT ROLE CAN ARCHITECTS PLAY IN RURAL AREAS?

左靖
策展人，安徽大学副教授，联合国教科文组织乡村
创意与可持续发展教席学术委员会委员

近二十年来，随着城市化进程在中国各地的狂飙突进，对高度现代化（High Modernity）的反思带来了地方意识的觉醒。而近几年来的全球动荡和经济下行，以及气候变化与环境破坏，则引发了人们对于和平与发展、消费主义和可持续性问题的关注。乡土主义（Ruralism）与乡村建设（Rural Construction）成为人们重建地方意识、社区秩序与生活图景的理论依托。面对千城一面的非地方性（Non-place），乡村似乎成了最易识别的"地方"代表，最近十年，中国的乡村振兴，已然成为国家的战略方向、社会的热议话题和世人的关注焦点。在由策展人、建筑师、社会工作者以及艺术家们等跨领域人士参与的各项乡村建设实践中，建筑师的工作尤为受人瞩目。其中，因东梓关回迁农居的设计而声名鹊起的建筑师孟凡浩，是其中最具代表性的人物之一。

在我看来，乡村建设，本质上是一种"社会设计"，其面对的是社会的总体性问题，是具有不同专业背景和文化背景的团队和地方共同协力的公共事业。在这层意义上，深入乡村开展工作的建筑师，不单单是物理建筑的设计者，更是乡村社会的设计者——他们主动或被动地承担了乡村相当一部分的经济、社会和文化的"设计任务"，可以说是在进行乡村的"社会设计"，以他们的设计智慧为当下的乡村社会问题提供解决方案。

2014—2024年，在孟凡浩投身乡建的这十年间，他逐渐意识到了上述问题的关键所在。无论将建筑作为一种媒介工具，为乡村带来新的经济发展机会，还是作为建筑师承担起资源整合的角色，在根植乡村生产的过程中，不断导入城市资源，孟凡浩都不是把乡村看作静态的标本进行物质性保护，而是以一种动态的、与时俱进的视角来看待乡村和城乡关系。这与他的广泛工作面、教育背景和时代敏锐度等皆有关系，并有迹可循。

时间回到2018年，我正在筹备《碧山》杂志书"建筑师在乡村"两本特辑，计划收录近20位建筑师在乡村的实践。我们发现，当职业建筑师介入乡建时，无外乎

强调文脉传承、社区参与、适度技术、合理造价等本体性策略，并试图将现代批判性和创新精神带到乡村。随着乡建作品在大众传媒上的广泛传播，越来越多的乡村开始意识到建筑设计对于当地发展的加持作用。这也让孟凡浩发现，建筑在乡建中具有超越物质性的媒介作用。当然，这只是孟凡浩独具特色的思考与实践的开始。

2021年，作为策展人，我邀请孟凡浩参加了"返田归土：建筑师在乡村"和"乡村建设：建筑、文艺与地方营造实验"两场乡建展览。他以城乡融合、空间赋能、设计驱动、媒介触媒等方法体系总结了近年的乡建实践。几乎同期，孟凡浩在第17届威尼斯建筑双年展的参展作品于威尼斯Arsenale军械库揭幕。在前期的筹备阶段，孟凡浩与我探讨了如何通过对中国城乡关系的观察思考来回应展览主题"How Will We Live Together?（我们将如何共同生活）"。我们最终将其总结为"Rural Nostalgia and Urban Dream（乡愁与城市梦）"，并以一个在限制性较强的命题下完成的中国乡村社会实验样本为例。彼时的孟凡浩，已经不再停留于在乡村环境中创作富有个性的建筑作品，而是尝试通过空间筑造持续性地参与乡村文化的生产、环境的改造和经济的发展，以及表达出对原住民和新村民日常生活的关注。从这个角度来看，孟凡浩已经完成了对建筑师身份的重新认识和定位，并完整地贯彻到自己的工作当中。

时间又过了三年。在翻阅本书时，不禁感叹于孟凡浩十年间在乡建领域的辛勤探索和源源不断的创造力，他的愈发成熟的设计手法、独到的关于乡村建设的理念，为中国乡村创造了丰富多元的生机勃勃的样本。建筑师在乡村何为？除了空间筑造外，建筑师在乡村还能扮演何种社会角色？承担何种社会责任？或许，孟凡浩的这本书可以给出答案。

左靖

2024.11.2

▲ 东梓关回迁农居

十年乡建：
缘起与历程
A DECADE OF RURAL
CONSTRUCTION:
ORIGINS AND PROCESS

前言
FOREWORD

2014年，我在gad任职期间接触到了杭州东梓关回迁农居项目。gad在中国是以高端精品住宅为主营的设计公司，以精致为主要取向，所以我之前的从业经验主要是城市高端人居等建筑设计。当时浙江省推行美丽乡村政策，杭州市政府想要做13个杭州民居的示范区，东梓关村是其中之一。回迁安置项目的主要目的是提高农民居住品质和生活环境，从这个结果导向来看，我们在城市里做的中式别墅社区是政府领导想象中的美丽乡村图景。但是当我们真正进入乡村时，实际情况与我们的经验和工作方式大相径庭，城市别墅的观念和做法其实并不能生搬硬套进乡村。我以项目负责人和主创的身份带领团队从田野调查开始，从零开始去学习研究，去和村民沟通需求，和政府沟通汇报，和施工队打交道。

2016年东梓关建成之后在互联网上产生了很大的反响，无论在主流媒体，还是在学术圈与市场中都引起了很多讨论，在公众中产生极大的社会影响力，远远超出了普通建筑的范畴。东梓关之后有大量的乡村项目机会找来，但我一直都很慎

重，东梓关的成功是多种有利因素集合的结果，即天时地利人和，并不是所有的乡村都具有东梓关这样的条件和机遇。我们做了一个东梓关，成功激活了一个乡村，但是换一个地域，并不一定能取得同样的成功。但这次乡建经历让我开始有意识地对乡建的模式范式进行思考和探索。

2017年前后是国内民宿刚起步的阶段。借宿时任创始人夏雨清找到我，在浙江松阳海拔800米的山区上有一座600多年的古村，有几座老夯土房要改建成民宿。以此为契机我们开始了对浙西南传统村落的研究，包括传统手工技艺与现代工业预制技术的整合等，整个项目分一期和二期持续了六年之久，才有了现在的松阳·飞蔦集。2018年和2019年，我又陆续在贵州龙塘与山东九女峰开展乡建，和上下游产业链的合作伙伴一起完成了包括策划、规划、设计、建造、运营等环节在内的一系列工作，为当地带来了新的文旅产业和商业发展。至此也完成了我的第一阶段的乡建实践。

▲ 柴山岛托老所

乡村观察：
记忆与现状
RURAL OBSERVATION:
MEMORY AND
CURRENT SITUATION

经过第一阶段的实战经验积累，现阶段，我面对乡村的立场和态度也日趋成熟。之前大多是从宏观层面考虑乡村的长远发展，当下我也希望能通过更加具体的建筑空间来回应当下很现实的社会问题，比如基础设施陈旧、人口老龄化等问题。柴山岛托老所就是其中一个很特殊的案例。在浙江舟山的柴山岛上，我们通过改建更新来解决岛上配套设施缺失、养老资源不足等问题。

"两山"理念发源地安吉余村有机更新是我们对过往乡建经验的综合应用，它代表了我们对城乡融合发展的态度，以及一系列乡建方法论与策略的发展和应用，我希望它可以具备现实意义的可推广性，为更多的乡建和乡村提供有益的经验。

我是在皖南的县城生活长大的。县城是介于城市和乡村的中间地带，而皖南则拥有全中国最具人文特色的古村落，代表了历史上人居环境的一种理想状态。那时候的城乡差距并没有像现在这么大；小时候的寒暑假或者周末我经常去农村外婆家，20世纪八九十年代的徽州乡村田园环境、宅院与庭院的空间经验，以及祖父辈的生活方式都给我留下了很深的印象。小时候我经常坐在外婆家的土灶台后面生柴火，还有同与我年龄相仿的玩伴一起去田野里放牛，等等，这些和乡村有关的经验留在记忆深处。后来我去城市读书求学，又让我对城市生活方式和环境有不一样的观察和体验。因此，我对乡村和城市都会有自己观察的视角；我本身的经验记忆也是一种流动的状态；当我后来接触到乡村建设时，儿时沉淀的一些深层经验与记忆又会重新显现，影响到自己的价值考量和工作方式。

▲ 东梓关回迁农居

▲ 东梓关回迁农居

众所周知，我国当前是一种城乡二元社会结构，在资源配置上，乡村是附属于城市的，乡村在为城市经济发展提供大量低成本的原材料、劳动力等资源的过程中，自身却很少获得发展带来的红利。过去30年我们目睹了中国城市的急剧生长，与此同时，乡村地区也经历了显著的衰退，此可谓一个前所未有的历史进程。城乡差距越来越大，尤其是偏远地区的乡村，经济落后、房屋凋敝、人口流失。农村住宅的建成环境实际上是很难令人满意的，高涨的古镇古村的旅游热恰好反证了这一现实。我们无法简单地认为那仅仅是一种文艺化的怀旧情绪，所谓"留住乡愁"实际上反映了人们对当前生活状态的深刻反思和期待改善的愿望。乡村振兴是必须落实的，也需要高品质的外部资源导入——包括高品质的文化资源、营运理念与规划设计力量。

因此，我们不能孤立地谈论中国乡村，乡村的变化之快，现在已经完全进入了一个新的历史时期。在此之前，从农耕社会到工业化、城市化，城市的发展几乎都是建立在消费透支乡村的基础上的，资源要素的单向流动逐渐导致了乡村空心化和城市集聚化的发生。我们不能单一地、静态地去看乡村，必须要把乡村置于我们这个时代背景，置于和成熟基础建设的城市的差异关系中来看。要实现共同富裕的前提是城乡融合，现阶段城市要反哺乡村，包括资金、技术、人员的反向流动。

我一直对乡村保护秉持中立态度，近郊的乡村慢慢地被城市蔓延，远郊的乡村因为资源供给等现实问题而消失，都是在自然规律下的乡村变迁。我们更应该关注具体的人和流向，如何为乡村带来优质的医疗教育资源，帮助乡村人一代一代更好地生活是更重要的。对待乡村本身我们应该更理性一点，而不是一味地不遗余力地保护自然人文、历史传统，这对乡村来说是远远不够的。

空间赋能：
思想与方法
SPACE EMPOWERMENT:
CONCEPTS AND METHODS

从建筑学专业本身的角度来说，乡建是一种针对"此时此地"的具体建造。这意味着我们的设计出发点必须建立在对当地的经济、地理与文化的调查了解之上，包括当地人对于未来的诉求。此种全面的了解就是所谓的"见天、见地、见人"，然后在此基础上制定合适的规划设计策略。以东梓关为例，原有的自然聚落有其内在的结构，而我们设计的新农居在尊重原有内在结构的基础上，延续了旧村落的空间肌理，创造了丰富的街巷空间形态。新的建筑规划也力图形成积极的乡村公共空间，使之能够容纳新的生活场景与生活形态。另一方面，新建筑的材料与形式也要考虑与旧传统的相互协调与互动，这不是一味因循仿造，而是在同一性中凸显差异性，在差异性中寻求同一性。重要的是，绝不能制作"假古董"（几乎没有成功案例），新的建筑与旧的建筑应该各自有其时代特征，而不是混淆古今。东梓关在这一点上是得到大家认可的，新建聚落风貌既有传统意味，又具有时代特征；新建筑在东梓关层累的历史质感上又增添了一道鲜明的色彩，白墙黛

▲ 东梓关回迁农居

瓦，优雅起伏的坡屋顶更加渲染了富春江畔的江南气韵，也将古老的村镇重新带回到当代生活的视野中，成为当代江南民居的新范式。这就是东梓关给我最大的启示——"建筑赋能"，抓住历史的特征、抓住时代的脉搏，使建筑在网络时代的信息海洋中脱颖而出。

当然，建筑师介入乡建的方式和路径是多样的，进入乡村造房子并非唯一也并非最重要的方式。东梓关在建筑层面满足了经济、实用、美观的要求，改善村民的生活品质，但除此之外，因为互联网公共事件的社会影响力，完全激发了一个乡村的文旅产业，给原住民带来了最直接的利益机会，这就是建筑之外的"赋能"。

因此，在其他乡建项目中，我们会在项目前期就主动地和业主、运营方等多方共同商议，跳出建筑设计范畴，与特定社会语境和政策相结合，整合上下游资源，架构一套从策划、规划到建设、运营、传播的项目运作流程，探索一种以设计为引擎的创新开发模式，建筑师在其中各个领域之间发挥枢纽和链接作用。

贵州龙塘精准扶贫实践是我们受融创中国、国务院扶贫办友成基金会共同委托的精准扶贫公益项目。项目伊始，我就反对将全部资金投入到古村落的改造提升上，我提出了双线并行的策略——在风貌保护区内，我们为村民做苗寨民居改造示范，协调传统风貌和当下生活的空间需求，也为后续村民自主运营农家乐、民宿等创造机会。在保护区外，我们选址设计建造了一组山房民宿，为原来人均年收入仅3000元的村民带来了3年共计410万的分红，使其在外力撤出之后，依然能维持良好的、可持续的生存状态，完成真正意义上的稳定脱贫。

城乡融合：
困难与反思
URBAN-RURAL INTEGRATION:
CHALLENGES AND REFLECTIONS

乡建目前面临的最大困难是系统性的问题。比如建筑规范的缺失，在乡建中套用城市的建筑规范，无论楼间距、消防等都是完全不匹配的，直接导致了设计在报批报建中不通过这样很现实的问题。还有权属归属的问题，比如土地归属权、宅基地或集体建设用地的界定，以及市场资本如何进入乡村、乡村土地如何出让等，这些都直接关联到项目能否启动。乡建面对的是方方面面，建筑只是整个产业链中的一个环节。城市为了高质量发展推出城市更新等举措，同样地，乡村也需要健全、健康、完善的体系和规范准则。建筑师可以作为组织者，通过搭建平台，让政策、资本、运营、村民等各个环节都联动起来。建筑师也是最深入一线的实践者，我们的实际经验如果能反馈于顶层设计，在整个大的系统中有所回应，未来的乡建便会更顺利。

▲ 东梓关村民活动中心

▲ 东梓关回迁农居

东梓关项目一开始并没有得到村民的认可，他们说房子是"四不像"，既不像传统建筑，又不像现代城市里的豪宅。后来大量的官媒、城市精英都在关注这事时，村民们的态度也开始发生了转变。在分房的时候，那些我们建筑师认为好的位置，村民都不要，植被多的院子村民也觉得挡阳光要把树移走。这其实是很有意思的现象，这种认知差异反映出了中国城乡关系就像是一座"围城"——城市精英向往乡村的田园环境，乡村居民羡慕城市的生活品质。

"乡愁和城市梦"是我最近几年对城市和乡村关系的一种观察总结。在受到麻省理工学院（MIT）建筑与规划学院院长 Hashim Sarkis 的邀请参加第17届威尼斯建筑双年展军械库主题展时，我们对东梓关村进行了回访调研。在4年时间里，东梓关村不仅发展了文旅商业，还吸引了艺术家、青年创业者等新人群的流入，形成了一种新的乡村社区模式，一种超越城市和乡村的聚居形态，最直接地表现出了城乡关系融合发展的趋势。但是如何使城乡融合成为一种可持续的可能，则需要政策、市场及参与乡建的各方面都做出更积极的探索，进一步破除城乡壁垒，鼓励资源更自由地相互流动。

▲ 东梓关回迁农居

类似的事情还有在松阳·飞蔦集，最开始村民都不相信我们能把他们家的夯土房卖到1000元+/晚，在他们的认知中县城里五星级酒店才卖三四百，但现在松阳·飞蔦集的房价常年保持在1500~2500元/晚。实践证明，优良的乡村景观资源和优秀的建筑规划设计相结合，可以显著提高乡建的附加价值。乡村的发展不仅依赖于自然环境和传统文脉，同时需要引入外部的资源和能量，为当地创造更多经济效益，也是引导村民对传统村落做出与发展并行的保护。

存故以新：
赋能与新生

FUSE NEW INTO PAST:
EMPOWERMENT AND
REGENERATION

《诗经》有云："周虽旧邦,其命维新。"中国古老文明的存续实以维新为道路。《道德经》有云："夫唯不盈,故能蔽而新成。"在东方的思想认识中,并不存在绝对的、纯粹的"新",任何有生命的事物中都包含新与故的元素,而故旧的事物必然以新的面貌延续。存续历史与故旧之事物,必须注之以新的因素,只有新思想、新用途、新技术、新能量的注入才能使历史旧物（故乡）重新获得生命力,从而使自身得以永续永存。对于乡村建设来说,也是如此,乡建的过程中必然要带入新的元素,产生新的化学反应,而建筑规划设计则是催化剂。

我在实践中有"文化赋形（Form Giving）"和"空间赋能（Space Empowerment）"两大并行的理念,一个是本体性,一个是社会性。"文化赋形"更多的是对在地文脉的挖掘传承、材料工艺的创新突破、空间形式的叙事表达等建筑学本体议题的关注,不是简单的视觉上符号化的层面,而是更深入地把文化的、生活生产的内容保留传承。例如,我在 gad 期间设计的位于杭州建德九姓渔村的渔乡茶舍和朔·非遗艺术馆,通过对当地历史文化的研究、山地地形的梳理,采用纯粹的几何形体量和现代的木模板混凝土材料,以消解的姿态探讨建筑之于江南山水环境的另一种可能性。"空间赋能"强调的是建筑在社会、经济、文化等层面释放出的更大能量。我们不仅要能解决乡村遮风避雨的功能需求与居住问题,在提供物理空间之外,更重要的是要为乡村带来激活和复兴。我们的目的是使乡村重新成为活态的生活场域,而不是橱窗展览式的舞台布景。

建筑在城市或在乡村当中,在社会发展的宏大整体的动力体系当中,只是其中一个环节,建筑的落地与发挥效能需要各方面的合作互动。所以建筑师在实践中,尤其是乡村建设,要跳出建筑本体范畴的拘囿,用更广阔的视域来看待实践中的问题和机遇。

介入乡建这十年,从最初的如履薄冰,到现在的逐渐成熟,我们积累了一些业绩和经验,同时也有必要对这些经验进行总结和反思。本书所选的是 2018—2024年六年期间的 6 个乡建项目,尽管在过往的文章和讲座中,我已经反复阐释过它们的设计理念,但是我觉得这些项目在时间线上仍有所关联,不仅反映了中国乡建政策、开发模式的变迁,也反映了我个人的建筑理念与观点的变化。中国的乡村振兴和建设是一个长期而庞大的工程,需要千千万万的人参与,希望此书中一些理论思考与方法论,能够分享给更多未来的乡建参与者,并且通过我们的共同努力,惠及更广大、更遥远的乡村和人群。因个人能力有限,本书中的实践及思考深度广度都有诸多不足,还望大家多多指正。

2024 年 5 月于杭州

▲ 渔乡茶舍

▲ 朔·非遗艺术馆

目录
CONTENTS

新工旧艺，古村再

TRADITIONAL CRAF
AND NEW TECH, REC
OF THE ANCIENT VII

松阳·飞蔦集
STRAY BIRDS ART HOTEL, SONGYANG

1

上

SMANSHIP
ENERATION
LAGE

传统风貌保护村落的存量
夯土民居改造，6 年，15
间客房，见证一座古村落
的重生。

浙江丽水松阳

SONGYANG COUNTY
LISHUI
ZHEJIANG PROVINCE
2018—2024 年

2016年，松阳被财政部、国家文物局、中国文物保护基金会确定为全国唯一的"拯救老屋行动"整县推进试点县；同年，松阳县政府大力推进乡村文化复兴和古村落保护更新，被列入第三批中国传统村落名录的陈家铺村也在其中。彼时，已有640年历史的陈家铺村只剩下几十位老人与近百幢的夯土房。

"借宿"创始人夏雨清找到我，希望能够为陈家铺村共同做点什么。我们一同前往大种山深处的陈家铺村，在被秘境般景致震撼之余，也为当时凋敝、毫无生气的落寞村庄感到惋惜。当即我们对拯救陈家铺村衰败命运的理想一拍即合，也就此开始了长达六年的合作与努力。2018年，位于村落西南端悬崖边的飞蔦集一期最先改造落成，并与村里的先锋书店平民书局等改造项目共同形成了陈家铺村乡村文旅的雏形。2024年，飞蔦集二期的11间客房、观景大堂、悬崖咖啡厅、餐厅建成投用。而此时的陈家铺村已焕然新生，并成为新一代山野文旅度假目的地。

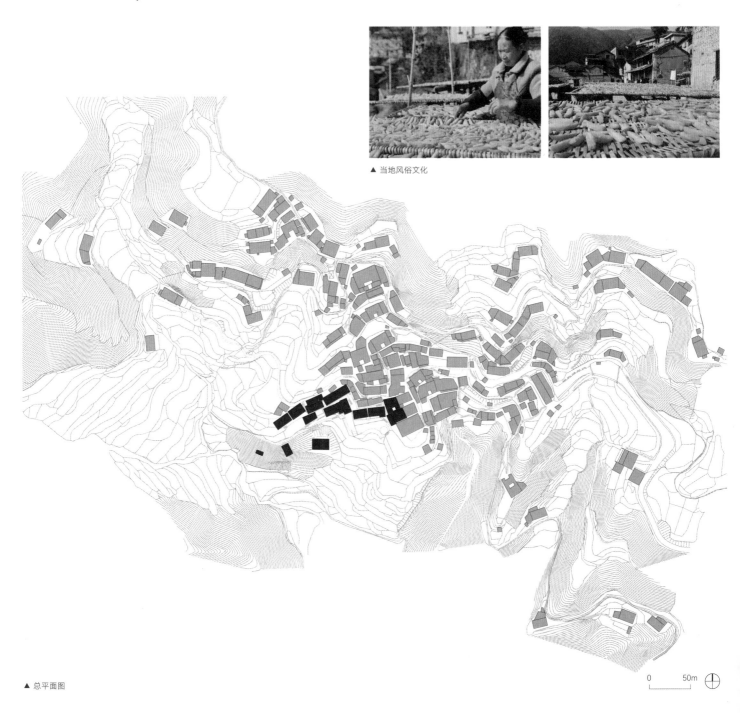

▲ 当地风俗文化

▲ 总平面图

0   50m

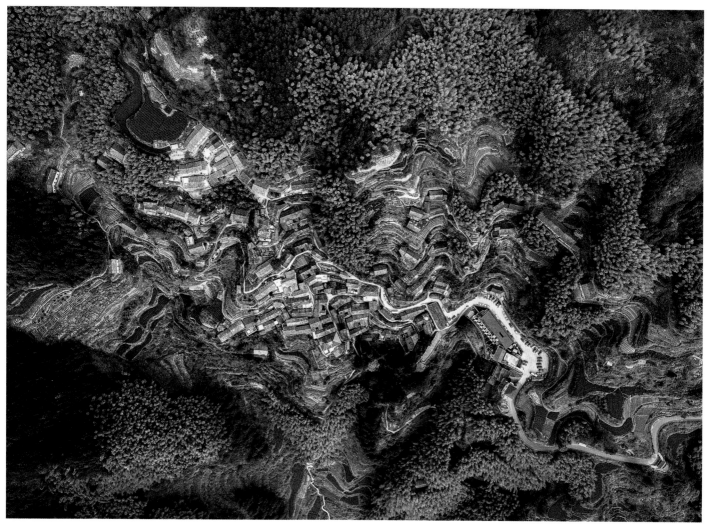

▲ 改造后的村落肌理

▲ 改造前的村落风貌

▲ 场地环境，村道蜿蜒狭窄

基于限制条件
的回应策略
STRATEGIES OF RESPONSE
TO CONSTRAINTS

陈家铺村悬于山崖峭壁之上，三面环山，面朝深谷，云雾缭绕。村内的夯土木构民居依山而建，沿山体梯田阶梯式分布，上下落差高达200余米，整体呈现出典型浙西南崖居聚落形态，保留了完整的村落空间肌理和环境风貌。

陈家铺村作为松阳县的历史风貌保护村落之一，面临着松阳政府对村落风貌保护的严格要求。然而，项目业主希望改造后的空间能够兼具现代民宿酒店的舒适性与体验感，同时充分回应周围自然景观。另一方面，项目的施工条件也受到场地环境的限制。由于村道狭窄，机动车辆只能行驶至村口，之后只能徒步穿过百余级石阶、近三百米的村道，最窄处仅容一人通行，大型施工机械自然是无法进入的，这为项目实施带来了极大的挑战。

因此，我们在设计之初就制定了两种策略来回应政府和业主的诉求。一是对松阳民居聚落的乡土建构体系展开研究，梳理与当地自然资源、气候环境、复杂地形、生产与生活方式及文化特征相适应的空间型制和稳定的建造特征，为保护传统聚落风貌提供设计依据；二是运用轻钢结构体系和装配式建造技术，植入新的建筑使用功能，适应严苛的现场作业环境，同时提供较好的建筑物理性能。

设计选用的新型轻钢装配式结构体系，结构梁柱为截面尺寸200mm×90mm的基本单元杆件，由两根壁厚2.5mm的C型钢合抱弦扣而成，冷轧成型。杆件之间用螺栓连接，无须焊接。最小化的结构单元，能够解决运输难题；高度的预制率和连接方式，便于现场施工安装。

▲ 改造前

▲ 改造后

▲ 传统工法

▲ 轻钢装配式结构

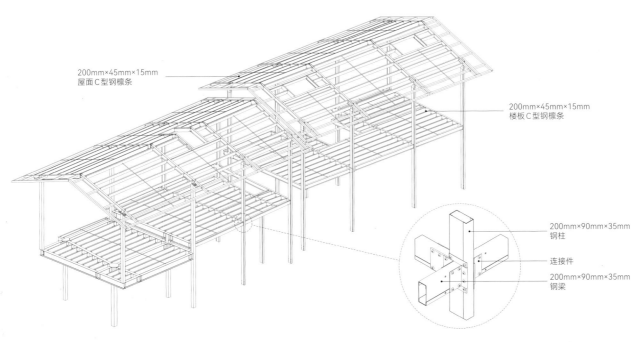

200mm×45mm×15mm
屋面C型钢檩条

200mm×45mm×15mm
楼板C型钢檩条

200mm×90mm×35mm
钢柱

连接件

200mm×90mm×35mm
钢梁

▲ 结构系统轴测图

依崖就势，梳理完型
FOLLOWING THE NATURAL CONTOURS, SHAPING THE COMPLETE FORM

在前期的整体规划中，飞莺集是一个完整的民宿综合体，包括住宿、餐饮、文化体验等多种业态，覆盖村落南端的多栋民居。设计的复杂性不仅在于对单体的适应性改造，还包括对所在聚落和自然环境的整体认识。

从村口一路经由蜿蜒崎岖的山路和上百级石阶穿越民居聚落，在抵达场地之前，视线无法穿透村庄，而在历经路径转折与空间收放后，豁然开朗，直面峡谷景观，颇有"隐世之旅"的意味。场地整体东西向水平展开，自东向西逐渐幽静，直至尽头悬崖，而南北方向随高差依次跌落，有多条石阶小径通向村落。

我们对原有宅基地进行了现场勘测，保留部分夯土墙、石墙和可用结构，根据原有空间格局对应调整功能布局。依据可达性、标识性等特征分析，选择了三栋民居改造为民宿公区，分别是位于场地最东端的酒店大堂、餐厅和场地中段的悬崖咖啡厅。

其余邻崖民居均改造为客房，并利用场地内原有的一条东西走向的宅前巷道巧妙地化解高差问题：巷道北侧的民居，一层堂屋与道路齐平，直接邻路南向入户；南侧的民居背靠山壁，二层设置檐廊与道路相连。

适应性改造在尊重村落肌理风貌、宅基地限定条件下展开，大部分建筑沿用当地材料修复更新，局部洞口改造；部分坍塌建筑在原有轮廓内重建改造，并在关键位置植入飘浮的透明玻璃盒体，在新旧对话之间实现传统与现代、厚重与轻盈、实与虚的对立统一。

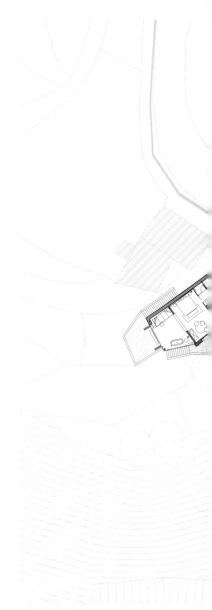

▲ 首层平面图

▲ 飘浮的玻璃盒体

1 大堂
2 庭院
3 餐厅
4 茶室
5 咖啡厅
6 客房

▲ 改造前

▲ 改造后

▲ 改造后的建筑风貌

▲ 运用传统手工技艺修复还原土墙

▲ 咖啡厅茶室夜景

▲ 由坍塌天井改造而成的中央景观庭院

▲ 绵延的山峦景致被揽入餐厅室内

民宿公区：
回应外部
创造体验

PUBLIC AREA OF
THE HOMESTAY:
RESPOND TO THE OUTSIDE,
CREATE EXPERIENCES

观景大堂
OBSERVATION LOBBY

原建筑为天井合院夯土木构民居，其中天井和西侧农具间已坍塌。改造保留了前堂后室的格局，天井重修作为中央景观庭院，前堂为入住大厅，后室二层为员工办公，东厢是可短暂停留的茶室，西厢作为出入口与客房区相连，并利用回廊组织访客和员工的两条动线。

接待大堂的夯土墙保护修缮，内部结构按传统做法落架大修。西侧在原夯土墙外出挑木结构置入玻璃盒子，打通山墙，设置下沉式休憩区，三面向群山峡谷打开，青松翠竹与缭绕云烟，尽收眼底。

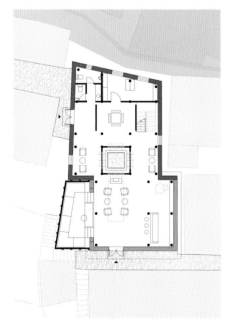

▲ 大堂一层平面图

0m 2m 4m

▲ 接待大堂

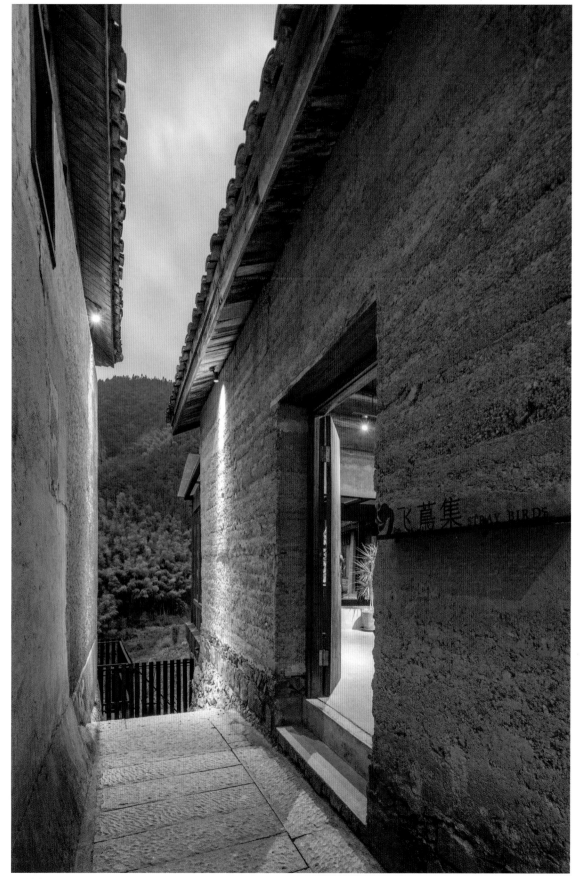

▲ 前堂大厅入口

▲ 内部结构传统做法落架大修

▲ 下沉式休憩区

餐厅
DINING HALL

原建筑为两层夯土民居，二层部分墙体坍塌。由于一层视野被遮挡，在功能上调整为厨房和辅助空间，只保留西侧正对山谷的房间设置为观景包厢。二层从北侧村道进入，越过南侧屋顶，270°视野通透，因此设计植入轻钢预制结构，作为用餐区，应用大面积玻璃窗和灵活便捷的垂直折叠窗，将延绵的山峦景致完全揽入室内。

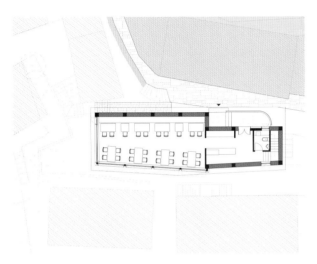

0m 2m 4m

▲ 餐厅二层平面图

▲ 用餐区

▲ 餐厅建筑外观

悬崖咖啡厅及茶室
CLIFF CAFE AND THE TEA ROOM

原场地是顺着悬崖向下跌落三层的砖房建筑，背靠石墙陡坎，房顶被村民用作晒台。设计按照场地层叠的空间格局，将巷道穿过的中间层设置为咖啡厅的首层标高，二层为烘焙工坊，负一层为茶室。在修缮原始陡坎后，拆除已坍塌的破旧砖墙，新建毛石墙；原平屋顶改为单坡屋面，脊高为上层窗台，檐口不变，室内高度为设备争取空间的同时，最大限度保留上层的景观面；二层的单坡屋面方向与一层相反，面向山谷打开。

咖啡厅在入口处设置一段檐下灰空间，结合全景落地窗和折叠开启扇，并将前排茶室的屋顶作为观景露台，将原本狭小的室内向外拓展。咖啡厅西侧交通核围绕大树展开，一层楼梯从崖底根部开始盘旋而上，二层回廊围绕树干再次进入室内空间，通过一系列空间转换，与环境对话。最终整个咖啡厅轻轻依靠于崖壁一侧，栖息于大树下生长。

沿着咖啡厅观景露台侧边的石阶向下是由旧柴房改造而来的一间茶室。设计尊重原始建筑悬于崖壁的自然形态，通过向山谷一侧出挑，并结合西南两面通透的落地玻璃，仿佛从崖壁中生长出来的轻盈盒体。

▲ 咖啡厅檐下灰空间

▲ 咖啡厅室内空间

▲ 咖啡厅茶室剖透视

▲ 手工砌筑的毛石墙面

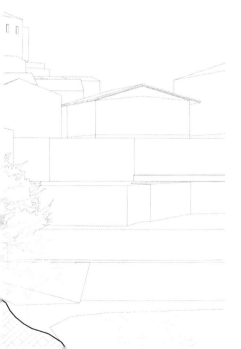

1 修复毛石墙
2 屋顶小青瓦含龙骨
　3mmSBS防水卷材
3 12mmOSB板
4 薄壁框架 2C200mm×90mm×35mm×2.5mm
5 YAC200mm×45mm×12mm×1.8mm
6 薄壁型钢框架（内部填充发泡混凝土）
7 吊顶龙骨
8 防火矽酸钙板，表面特殊水泥处理
9 室内地砖
10 地暖层
11 绝热保温层
12 SBS防水层
13 20水泥砂浆找平
14 150钢混结构层
15 素土夯土
16 屋顶小青瓦含龙骨

17 3mmSBS防水卷材
18 12mmOSB板
19 薄壁框架 2C200mm×90mm×35mm×2.5mm
20 次檩 C200mm×45mm×12mm×1.8mm
21 薄壁型钢框架（内部填充发泡混凝土）
22 木作格栅天花板
23 户外防腐木地板
24 户外木地板龙骨层
25 细石混凝土保护层
26 防水卷材
27 混凝土2%找坡层
28 混凝土楼板
29 保温层
30 吊顶发泡混凝土抹平，表面特殊水泥处理
31 40mm厚砾石
32 仿木纹铝板

典型客房：
手工技艺修缮外墙，
内植轻盈骨架

TYPICAL GUEST ROOM:
EXTERIOR WALLS REPAIRED WITH
HANDICRAFT SKILLS,
AND LIGHTWEIGHT FRAMING
INSTALLED INSIDE

▲ 改造后客房

夯土房的内部空间最初较为狭小，因此我们在拆除年久失修的木屋架后，植入了新型轻钢结构，整体抬高屋面，合理分配上下两层空间，并为设备安装预留了空间。外部夯土墙立面经过修缮或重建，尊重原有的传统风貌，保留了木饰面、腰檐等造型元素，同时根据景观面朝向，扩大门窗洞口或新增玻璃体量，以创造更好的观景条件。部分檐下空间被设计为观景挑台，屋顶则重新铺设了旧瓦，融入了历史感与现代感。

对于坍塌严重的夯土房，我们采用当地毛石作为外墙材料，统一新建建筑体量，以在地材料弥补了村落的缺失肌理，以维持其地方特色与建筑的连贯性。

客房的室内设计在尊重宗地分配原则的基础上，根据不同宅基地的特点，设计了多种平面布局，以适应山地复杂的自然环境。每间客房的客厅区域紧邻道路，而卧室和浴缸则朝向景观，确保私密性的同时，最大限度地享受最佳的景观视野。

▲ 客房内景享受最佳的景观视野

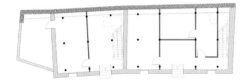

▲ 客房局部一层平面改造前

▲ 客房局部一层平面改造后

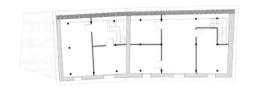

▲ 客房局部二层平面改造前

▲ 客房局部二层平面改造后

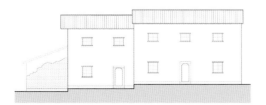

▲ 南立面改造前

▲ 南立面改造后

▲ 客房建筑外观

▲ 客房内景

▲ 客房内景

装配建造过程

ASSEMBLY AND CONSTRUCTION PROCESS

设计从调研测绘开始，梳理了当地乡土民居聚落的建构体系，分析其组成脉络、特征与现实应用的可能性。调研内容包括材料配比、建造技术、场地营造与环境气候适应等方面。团队不仅走访了当地传统工匠，收集工法口诀，感知材料特性，学习传统建造过程，同时还向现代夯土技术专业人士咨询，调整材料配比，优化材料性能和技术工艺，学习夯土修复技术。

在前期调研测绘的基础之上，我们对当地带有地域特征的构架、屋面、墙体、门窗、构造细部等建筑元素和材料进行整理分类，建立当地材料与工法谱系，其成果能够作为之后改造更新设计的参照基础。

清拆保护
DEMOLITION AND PROTECTION

对原有夯土农居做建筑质量评定，存在安全隐患的部分予以拆除。建筑质量较好的保留并修缮加固，回收利用拆除下来的木材、青瓦、砖石等材料。

基础地坪
FOUNDATION FLOORING

复核原建筑基础尺寸，保证新建结构在原址范围内，确保基础土层稳固。采用平板基础，柱脚范围结构加强。基础与土墙预留安全距离，保证土墙的安全稳固和施工操作空间。预埋综合管线，铺设地暖。

主体结构
MAIN STRUCTURE

结构单元杆件工厂预制加工完成，整体打包运输至项目现场。工人根据预先精确加工的螺栓孔定位，现场拼装结构单元杆件，最快一天即可完成主体结构部分。

楼屋面及室内隔墙
ROOFS AND INTERIOR PARTITIONS

改造方案采取建筑－室内一体化设计施工，因此室内隔墙、楼梯、管线预埋等均可在工厂预先加工完成，现场装配组装，保证施工精度。室内墙体以C型轻钢作为龙骨，金属网板支模，内部填充EPS发泡混凝土。自重轻，保温隔音效果好，施工便捷。

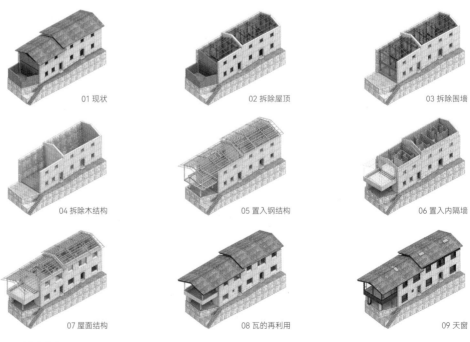

01 现状　　　　　02 拆除屋顶　　　　　03 拆除围墙

04 拆除木结构　　05 置入钢结构　　　　06 置入内隔墙

07 屋面结构　　　08 瓦的再利用　　　　09 天窗

▲ 改造生成图

▲ 利用现代工艺修缮重现建筑原本风貌

▲ 改造后外观

▲ 屋面清拆

▲ 基础开挖

▲ 主体结构组装

▲ 屋面隔墙施工现场

民居外围护
结构修复工艺

RESTORATION TECHNIQUES FOR THE DWELLINGS' EXTERNAL ENVELOPE

土墙保护修缮
PRESERVATION AND RESTORATION OF EARTH WALLS

屋面整体抬升，檐口以下新建外墙以幕墙形式外挂，受力于主体钢结构。当地农民施工队运用传统手工技艺修复还原土墙，室内墙面喷涂保护层。原有外墙的入口门洞以及石头门套完整保留。

毛石挡墙围护
ENCLOSING WITH RUBBLE RETAINING WALLS

乡土民居顺应地形地貌，依山而建，多数房屋背靠山体一侧，围护外墙直接采用毛石砌筑的护坡挡墙。设计中保留这一表达地域建造特点的构造。首先要对存在结构隐患的石墙修缮加固，确保结构稳定性；山地土层含水量高，石墙会出现渗水现象，在基础施工阶段，预埋排水管起到引流作用。石墙内部灌浆处理，填补缝隙，刷防水涂层，营造舒适的室内居住环境。

门窗系统更新
UPDATE OF DOOR AND WINDOW SYSTEMS

传统民居的开窗洞口较小，无法满足客房室内空间对于光照、通风和景观收纳等方面的需求。为了改善建筑内部的光照环境和景观视野，设计中对原有门窗洞口进行了扩大处理，安装现代门窗系统。确保外围护结构的密闭性，增强保温隔热性能。特殊设计的铝板穿孔窗框，既能提供室内通风，又保证了外立面简洁统一。

保留青瓦屋面
PRESERVATION OF THE GRAY TILED ROOF

轻钢龙骨屋面填充EPS发泡混凝土，上铺防水卷材。设计利用老建筑拆除的小青瓦作为面层，既回应了地域文化性，也体现了可持续的生态理念。

▲ 建筑保留原本的风貌

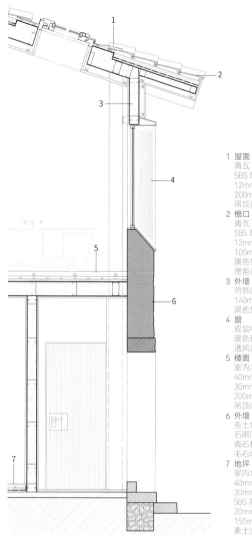

1 屋面
　青瓦（原建筑保留）
　SBS 防水层
　12mm OSB 板垫层
　200mm 轻钢龙骨屋面（EPS 灌浆）
　吊顶内饰面
2 檐口
　青瓦（原老建筑保留）
　SBS 防水层
　12mm OSB 板垫层
　100mm 轻钢龙骨屋面（EPS 灌浆）
　黑色竹木外墙板
　黑色装饰檩条
3 外墙
　内饰面
　140mm 轻钢龙骨墙体（EPS 灌浆）
　黑色竹木外墙板
4 窗
　双层中空保温玻璃窗
　黑色预制金属窗框（穿孔铝板）
　通风
5 楼面
　室内木地板
　40mm 地暖层
　30mm 绝热保温层
　200mm 轻钢龙骨楼板（EPS 灌浆）
　吊顶内饰面
6 外墙（原建筑保留）
　夯土墙
　石砌门洞
　青石板台阶
　毛石墙基
7 地坪
　室内地砖
　40mm 地暖层
　30mm 绝热保温层
　SBS 防水层
　20mm 水泥砂浆找平
　150mm 钢混结构层
　素土夯土

▲ 墙身大样图

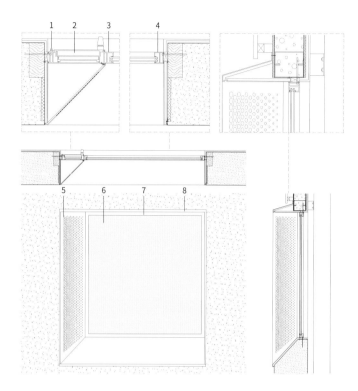

1 窗合页
2 铝合金内开窗（外木纹内深灰色）
3 铝合金中挺（外木纹内深灰色）
4 铝合金窗框（外木纹内深灰色）

5 1.5mm 不锈钢穿孔板（防锈色）
6 6mm+12mmA+6mm 中空双钢化玻璃
7 铝合金窗框（外木纹内深灰色）
8 1.5mm 不锈钢板（防锈色）

▲ 窗系统节点图

▲ 土墙保护修缮

▲ 石墙修缮加固

▲ 门窗体系

▲ 青瓦屋面施工

▲ 材质质感肌理的对比

一家民宿活化
一座古村落
REGENERATION OF AN
ANCIENT VILLAGE ALL BY
ONE HOMESTAY

原住民的"回应"
"RESPONSE" FROM THE NATIVE PEOPLE

"我们陈家铺村地处山区，青壮年都外出打工，村里只剩下几十位老人，是一个典型的三无村——没有人、没有钱、没有资源。经过这几年的发展，村集体经济收入在今年（2022年）已经达到了一百多万元。接下来，我们还想利用这些资金进一步投入，比如培育业态、完善基础设施、修缮老屋等，通过这些措施让老百姓能够得到实实在在的福利。"

——鲍朝火，陈家铺村党支部书记

"我出生在陈家铺，在飞蔦集工作一年半了，变化很大，大家现在都有钱赚了。感觉很好嘞，有这么多人来到我们的村子里，飞蔦集也赚钱，我们村子里这些村民也都赚钱嘞。"

——鲍朝美，飞蔦集服务员

村民文化认同感的构建
THE CONSTRUCTION OF VILLAGERS' CULTURAL IDENTITY

"在我17岁生日的时候，对于民宿这个概念就很向往，也很喜欢。中间经历了一些波折，在今年（2023年）的2月份，选择来到了飞蔦集这个民宿平台。因为（松阳）飞蔦集很接近于我理想中的客栈样貌。"

——一喜，松阳飞蔦集管家

"我是松阳本地人，现在算是陈家铺的一个新村民吧。我是2020年来到陈家铺的，现在（今年）第四年了，在这边经营了一家三角喰餐厅，我感觉整个村子现在餐厅，民宿，交通这些都很好，就说我们作为新村民来到这里，能给村民带来一定的收益，外面的话节奏太快了，我们这边首先很安静，而且村子里的空气也很好，以前村子里面很破旧，有些东西没有改造好，很多人都不愿意来。我算是最早入驻的一批，希望以后越来越好。"

——周一帆，三角喰餐厅老板

乡村文化价值的自觉性反思
SELF-CONSCIOUS REFLECTION ON VILLAGE CULTURAL VALUES

"我是和飞蔦集一同来到陈家铺村的，我见证了飞蔦集从四间房到十五间房的扩建，也见证了陈家铺村这座古村落的成长与融合。"

——十二，飞蔦集员工

"我们来到陈家铺这里，开了算是山里面的第一家咖啡馆，从无到有，从一个没有人知道的小地方，变成了现在很多人会慕名而来，我非常感谢这个村子。我们给这个村子带来了变化，但更多的是这个村子给我们带来的变化。"

——一心，飞蔦集樨咖啡主理人

"有人说陈家铺村是网红。我和村班子思考的问题是，陈家铺村能红一年还是两年，要如何才能长久地红下去，真正为村民带来可持续的发展，落实党的二十大精神，实现乡村振兴，'等不得也急不得'，最关键的一点，要有青年人扎根乡村，持续参与乡村振兴。"

——鲍朝火，陈家铺村党支部书记

"党的二十大为全面推进乡村振兴描绘了新蓝图。我们四都乡有国家传统村落的集群优势、高山云谷的生态优势，希望四都乡、陈家铺村能成为像世界杯一样受热捧的全域旅游高地。"

——陈鹏，四都乡党委书记

"2021年，我响应鲍朝火的召唤回到了陈家铺村。现在，我们村入选了全省首批未来乡村建设试点，数字化项目已经开工。我对我们村的工作了如指掌：水泥路变成了石板路，智能物联网将提供气象监测等信息，全村基础设施得到了新提升。"

——鲍淋娣，村委委员

▲ 工地现场

陈家铺村曾因山高路远，产业发展受限，是典型的"三无村"——没人、没钱、没资源，被当作"整乡搬迁，下山脱贫"的对象。在多方的坚持努力和新政策的支持下，陈家铺村不仅被完整保留，还引进了文旅民宿、书店、艺术家工作室、文创基地等业态，至今已吸引了**160多位村民**回归创业就业。

据悉，2021年，在新冠肺炎流行冲击下，陈家铺村乡村旅游活力依旧，接待游客**30余万人次**，各业态综合营业收入共计1700余万元。2023年，陈家铺村共接待游客超**60余万人次**，旅游经济收入**2000余万元**。其中，飞蔦集民宿客房保持均价**1500 ~ 2500元/晚**，且全年满房率**90%**以上。另外，飞蔦集一直践行"一家民宿活化一个乡村"的使命，从入驻陈家铺开始，就助推乡村振兴，除吸纳村民就业、培训村民文旅技能外，还帮村民卖番薯干、高山蔬菜等农产品。经过团队重新包装定位，铺设电商链路，进行新媒体营销，每年只要3 ~ 5天，几千斤番薯干就销售一空。此外，通过"产业融合，互通互惠"的发展模式，各家精品民宿通过向农户认购买高山生态鸡等优质农产品，每年预计可为低收入农户户均增收**3000余元**。

传统历史村落保护的最终目的是为了更好的发展，风貌严格控制的背后仍然需要满足新业态的功能。乡村的发展不仅依赖于自然环境和传统文脉，同时需要引入外部的资源和能量，不只是游客、商业，也包括工业化的建造系统，在为当地创造更多的经济效益的同时，通过更新和整合当地的建造工艺，也是引导村民对传统村落做出与发展并行的保护，以此达成新的文化自觉和共识。我们有幸能够成为亲历者与见证者，经过六年时间，完成了属于大山的梦想："重启山野之美，找回新村的心。"

：唤醒沉睡古村落 打

《我的美丽乡村》20230511 探秘悬崖上的古村落

"千万工程"让乡村走向复兴

2003年6月，浙江省启动"千村示范、万村整治"工程。这是一项从农村人居环境整治入手，统筹生产、生活、生态三者关系，全面推进乡村振兴和城乡融合发展，实现共同富裕的重大举措。

在推进"千万工程"的实践中，松阳立足自身传统村落资源优势和乡村发展实际，按照"活态保护、有机发展"的理念，以农村人居环境提升为突破口，以老屋修缮为抓手，系统推进乡村的生态修复、经济修复、文化修复和人心修复，率先探索出了以传统村落保护为特色的发展道路。

浙江松阳：景致原生态 旅游新业态

陈家铺蝶变 从"三无村"到"网红村"

陈家铺蝶变 从"三无村"到"网红村"

丽水松阳陈家铺村的蝶变之路

丽水松阳：老屋初雪一相逢，便胜却人间无数

昔日下山脱贫，如今上山致富，松阳陈家铺村不断探索山区共同富裕发展密码——"空心村"逆袭变身"网红村"

2021-08-17 09:15 信息来源：丽水网

"20多年前我和村民们过着贫穷的时候，进村这条像样的旅游都没有，生活更别提有多苦。现在没想到在家门口就能做个小生意，每天能有上百元的收入。"夏末时节，松阳县召都乡陈家铺村村民...

生活周刊

民宿，远方亦故乡

深山古村换新颜

2024-01-31 08:27 来源：新华社 浙江 古村落景

"浙"里传统古村落|松阳陈家铺村：雾罩山野有书香

来源：人民日报客户端 2022-04-19 15:38 发表于山东

开栏的话：

有着五千年历史的中国，很长一段时间里，农耕文明占有重要地位。人们日出而作，日落而息，形成大量的传统村落。其中，有的消失在时代烟云中，有的保存了下来。透过这些传统村落，我们不难感受到其所承载的历史记忆和浓浓乡愁。

人民日报客户端浙江频道将从即日起推出专栏《"浙"里传统古村落》，用多样视角寻觅

游走好县｜"最后的江南秘境"松阳：民宿之外，被"拯救"的古村老屋如何留住游客脚步？

重逢秘境 拥抱美好｜松阳：藏匿在悬崖之上的云间屋舍

新民 新民晚报

浙江松阳地处浙西南，迄今已有1800多年历史，被誉为"最后的江南秘境"，现留存完整的古典村落88座，拥有78个国家级传统村落，目标打造"中国古村休养县第一县"。

新民晚报推出"重逢秘境 拥抱美好"专栏，一起走进这里的传统村落和秘境民宿，或藏深山谷，或卧深坑谷间，或卧清溪水畔，或藏于海山林，每一处都是人们向往的世外桃源。

本期，走进一家藏匿在悬崖之上的云间屋舍。

依托古村落资源 弘扬传统文化精髓

2022 04/07 10:32:15

予厚重以轻盈
GIVING LIGHTNESS T

山东泰安东西门村活化更新
ACTIVATION AND REGENERATION OF DO
TAI'AN, SHANDONG

2

O THICKNESS

XIMEN VILLAGE,

乡村宅基地激活与增量爆
款新建筑相结合，推动贫
困村成为文旅目的地。

山东泰安
东西门村

DONGXIMEN VILLAGE
TAI'AN
SHANDONG PROVINCE
2019—2020 年

2017 年，党的十九大报告中提出乡村振兴战略，"乡村振兴"成为全党全社会的共同行动。同年，我们在浙江的回迁安置房项目——东梓关回迁农居在网络平台上迅速传播，获得了10亿多的点击量，更是接连登上了央视春晚片头、《人民日报》等主流媒体，在国庆假期间举办的江鲜大会带来了37万人次的游客访问和近250万元的旅游收益。持续的社会影响力与经济效益使东梓关村成为乡村振兴的典型案例。

当一个无人问津的村子通过一组建筑的力量被重新激活，我们意识到互联网时代，建筑作为媒介所产生的空间之外的价值溢出。

2018 年10月，时任鲁商集团党委书记高洪雷、首席战略官赵衍峰及朴宿文旅创始人马春涛一行专程来浙江考察了我们在杭州、松阳、莫干山等地的一系列乡村项目，并来访我们事务所，邀请我们在山东做一个类似于东梓关影响力的乡村振兴样板项目。他们的人文情怀、决心以及执行魄力促使我下定决心，与他们一起迎接这次挑战。

泰山，自古以来便是中国五岳之首。"凭崖揽八极，目尽长空闲。"在李白的诗句中，泰山吐纳世间之气，极尽万物美景。

2018 年11月，我跟随甲方团队来到山东泰安市岱岳区道朗镇进行现场考察。泰山余脉九女峰脚下的十九个村落被一条蜿蜒崎岖的盘山道路所串接，近年来，因交通闭塞、土地贫瘠等问题，村子里的年轻人大多被迫背井离乡，空心化日趋严重。面对这样的现状，鲁商集团下定决心，希望能通过一定的前期资金投入和产业导入，实现零散小村的集群振兴。我提出建议：不要均匀投入资源，而是寻找痛点，集中发力，以点带面，在短期内创造爆点，实现价值外延。经过大家的讨论，最终决定选择位置最偏僻、难度最大的省级贫困村东西门村作为突破点，展开更新改造。

在上位乡村规划中，希望以文旅为切入点，将九女峰十九个村整体打造成集田园文旅、康养度假、高效农业、研学游学于一体的乡村生态旅游度假区，其中东西门村的改造后业态被定位为高端度假民宿，但由于并没有太多增量用地指标，设计范围被限制在现有的宅基地内。场地为典型的坡地村落，植被茂密，一条小河穿过其间，登至村落山顶，可遥望泰山，尽揽壮阔景色。项目启动之初，地块内已经没有村民居住，只留下十六组石屋，以及一些残破的石头墙壁和少量曾被作为猪圈使用的生产用房，有的为近期新建，有的已有多年的历史。

▲ 东西门村旧貌

▲ 改造前

▲ 改造后

▲ 首层平面图（红色表示新的设计策略体系的介入）

0 5m 10m 25m

1-14 1 ~ 14号院院落客房
15 餐厅
16 接待咖啡厅
17 入口景观亭
18 书房
19 泡池

▲ 鸟瞰图

点状引流
POINT-LIKE TRAFFIC ATTRACTION

九女峰书房
JIUNV PEAK STUDY ROOM

作为触发媒体引流效应的一组建筑，九女峰书房和泡池位于山坳的制高点，东临群山，背靠村落，驱车盘旋而上时便隐约可见。在北方多岩石裸露的厚重山峦之上，设计一处极具反差的"留白"成为设计最初的设想。

书房建筑形体自上而下分为三部分：白色的"云体"、通透的玻璃以及厚重的毛石墙面基座。北侧直面峡谷山峰的通透界面，入口狭长的过道连通两端的咖啡区和阅读休息区，收放间模糊了建筑与自然的景观边界，给访客与读者置身山林之巅的错觉。

材料与构造的准确运用对于设计理念的形式表达同样重要。对于"云朵"这一概念的塑造，我们希望突出这样几个关键词：飘浮、轻盈、通透。在"云朵"轻柔的直觉认知与北方质朴硬朗的山野环境所产生的自然冲突中，给予人们轻松愉悦的直觉观感。由此，主体建筑选用了轻钢与膜结构体系，使设计得以依山就势，勾勒出轻盈的造型。

装配式轻钢建造体系既满足了建筑的形体需求，也得以在山地环境中快速精准地施工。直径 150mm 的细钢柱支撑弧形圈梁，圈梁上搭建双层 28 对拱形龙骨，这一序列尺寸渐变且排列密集的弧形龙骨，为内外双层膜的流畅张拉提供支持。

1 入口
2 书吧
3 吧台
4 卫生间
5 露台

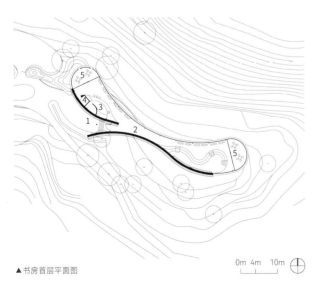

▲ 书房首层平面图

0m 4m 10m

▲ 山峦间的书房

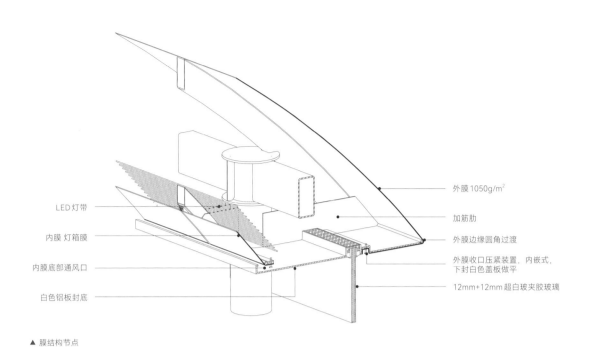

LED灯带

内膜 灯箱膜

内膜底部通风口

白色铝板封底

外膜 1050g/m²

加筋肋

外膜边缘圆角过渡

外膜收口压紧装置，内嵌式，
下封白色盖板做平

12mm+12mm超白玻夹胶玻璃

▲ 膜结构节点

▲ 弧形内膜整片均匀泛光

▲ 飘浮、轻盈、通透的体量

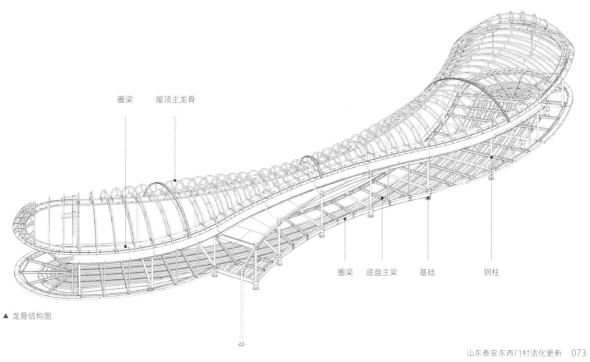

圈梁　　屋顶主龙骨

圈梁　底盘主梁　　基础　　钢柱

▲ 龙骨结构图

▲ 浮在山石之上的书房

▲ 通透的大面玻璃

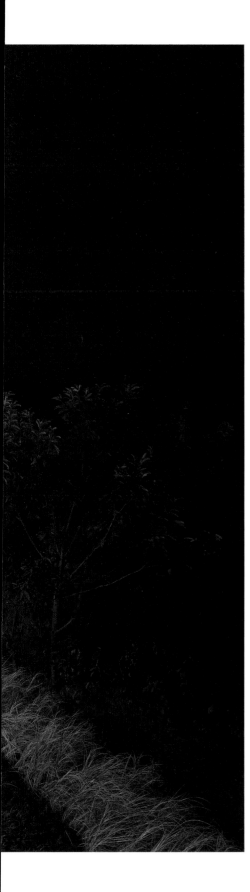

▲ 自然曲线勾勒舒展造型

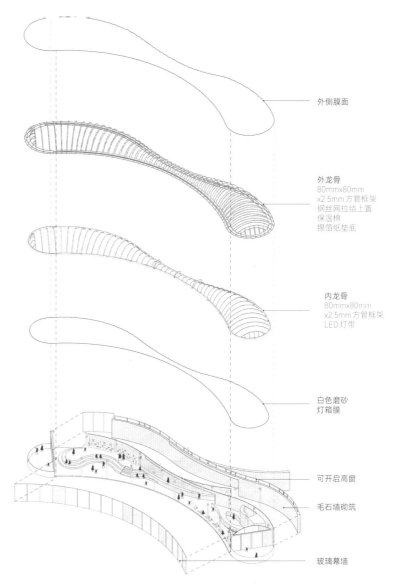

外侧膜面

外龙骨
80mm×80mm
×2.5mm方管框架
钢丝网拉结上置
保温棉
锡箔纸垫底

内龙骨
80mm×80mm
×2.5mm方管框架
LED灯带

白色磨砂
灯箱膜

可开启高窗

毛石墙砌筑

玻璃幕墙

▲ 书房爆炸图

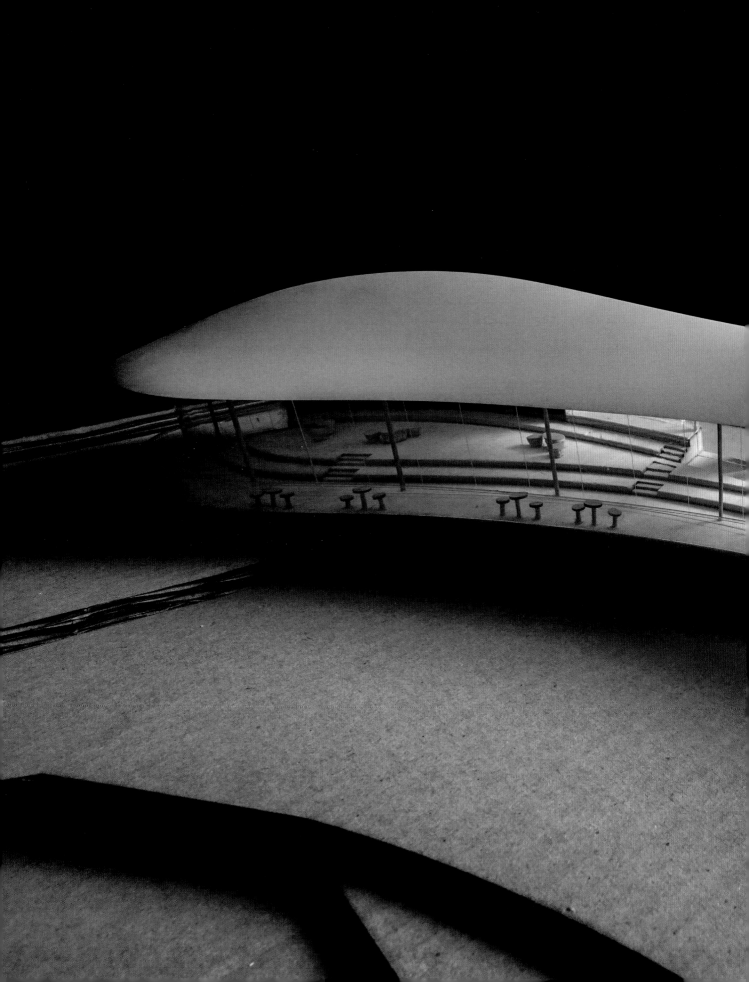

▲ 基础施工

▲ 立钢柱

▲ 圈梁施工

▲ 底盘主梁次梁施工

▲ 屋顶主龙骨施工

▲ 屋顶次龙骨施工

▲ 屋顶保温 - 外膜施工

▲ 内膜安装

▲ 毛石墙砌筑

▲ LED 灯管测试与安装

▲ 门窗安装

▲ 室内施工

▲ 书房建造过程

▲ 入口毛石墙

▲ 流畅的建筑轮廓

九女峰泡池
JIUNV PEAK BUBBLE POOL

如果说书房如同"云朵",那么泡池则如散落村落山腰间的贝壳一般,回应漫山林杪与壮阔景象。行至村口,穿越依山势错落的客房,沿山间原石砌筑而成的小路拾级而上,纯白的泡池便显现于山林植被之中。

九女峰泡池分为更衣、海浴、健身三个区域,遂形成三处体量。西侧则为半室外的海浴,为确保泡池的流动与通透,无柱、无遮挡的纯净空间至关重要——由地面而起的纯白屋面造型舒张,朝深山方向悬挑出10m的距离,顺势将泡池空间庇护其下,营造其"生长"姿态的同时也可令身处泡池休憩的访客最大化地直面自然景观。东侧为室内部分,以较为内敛的小巧弧形,包含了接待、更衣、沐浴、小型桑拿房等功能。

泡池的建造考虑了空间的纯粹与极简,施工过程平衡建筑与景观、室内的关系,构造与材料做到尽可能的简化。工厂预制的曲面钢龙骨实现大跨度悬挑为建筑主体框架,外覆保温层,加盖高可塑性、韧性和机械强度的不锈钢表皮,经过高精准的曲面拼缝与细致的打磨,从而形成自由流畅的建筑形体。

1 入口
2 健身房
3 更衣室
4 泡池

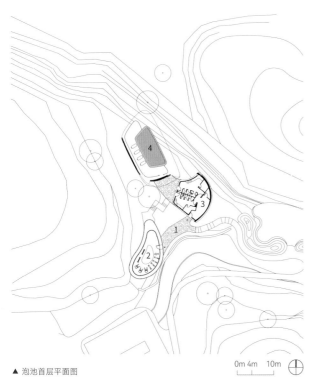

0m 4m   10m

▲ 泡池首层平面图

▲ 泡池立面反射效果

▲ 金属镜面材料让建筑"消失"在自然中

▲ 玻璃墙面虚化空间

▲ 健身房

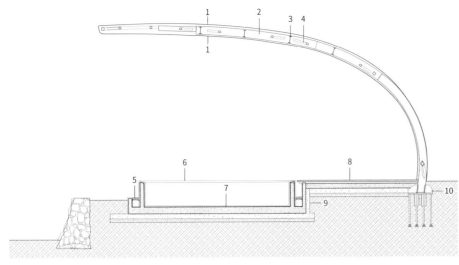

▲ 剖面图

1 不锈钢白色氟碳喷涂
2 方管框架 250mm×250mm×16mm
3 工字钢 148mm×100mm×6mm×9mm
4 斜撑 PD89mm×4mm
5 山东白麻碾碎料石（不锈钢排水箅子）
6 水面
7 泳池底面
　30mm 厚现浇水磨石（聚氨酯防水层）
　10mm 厚 1∶2.5 聚合物水泥砂浆
　200mm 厚 P6 抗渗 C30 钢筋混凝土
　150mm 厚 C15 混凝土
　100mm 厚碎石垫层
　素土夯实
8 地面
　50mm 厚灰色预制水磨石
　水磨石专用龙骨
　150mm 厚 C25 钢筋混凝土
　150mm 厚 C15 混凝土
　100mm 厚碎石垫层
　素土夯实
9 120mm 厚砖胎模
10 钢结构基础＋预埋件

▲ 泡池建造过程

▲ 泡池内部空间

▲ 泡池的曲面屋顶

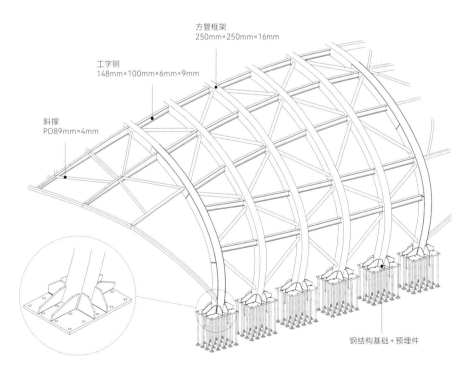

方管框架
250mm×250mm×16mm

工字钢
148mm×100mm×6mm×9mm

斜撑
PD89mm×4mm

钢结构基础＋预埋件

▲ 结构分析图

▲ 与自然对话

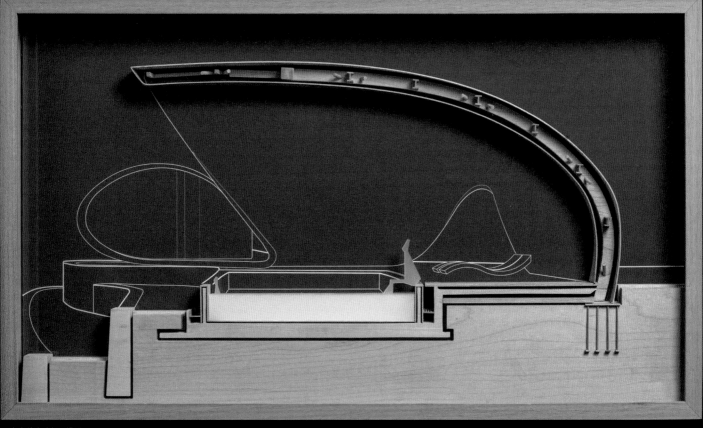

▲ 九女峰泡池剖面模型

▲ 九女峰书房剖面模型

针灸式修复
ACUPUNCTURE-STYLE REPAIR

酒店接待中心和餐厅
HOTEL RECEPTION CENTER AND RESTAURANT

在原有平面上，一条东西走向的溪流贴着盘山公路蜿蜒进村，村子里的毛石房也就此散落在起伏的山地中。经实地勘测和调研分析后，一方面我们延续原有村落的生长肌理，同时将入口调整至东侧停车场附近，通过一座桥跨越水系到达度假村，将道路、停车场、公共空间等进行重新规划，另一方面将位于流线端头的猪圈和毛石房改造焕新，逐一植入新的建筑功能：接待中心和咖啡厅、餐厅。

已被弃用的猪圈与规划中的停车场仅一溪之隔，周围是高密度的树木植株，在联通和环境上都占有较优的资源。在原有猪圈用地的基础上，现代轻钢结构的置入使得空间重获新生，大尺度的坡屋顶下通透的空间界面，强调在自然环境中建筑体量的消隐性和室内外空间的流动性。烧杉木的木瓦优雅地在屋顶铺陈开来，用环保生态的天然材料回应周边独特的茂密植被。

两栋处于中部地势的民居背靠山体，视野开阔，以同样的装配式轻钢结构将其改造为餐厅。毛石墙和玻璃幕墙分别面对不同的景观面，既消隐于山色中，也为访客提供了沉浸式的用餐体验。经改造后，新建筑与原地形上的大树依然很好地和谐共处。

贯穿在院落及其他新建筑之间的，则是迂回的步道与景观体验。我们试图将丰富多变的自然环境纳入动线设计中，通过身体的移动来强化对于场地所处聚落与环境的感知。从外部进入，来访者沿着木板桥和石板台阶，穿过散落在地的树林，经历爬坡、仰望、转折，最后登高，一睹北方山景，形成了从收到放、先抑后扬的叙事体验。

大量充满旧村落痕迹的石材被重新用于铺设石板路、台阶、矮墙，继续记载新村落的生长。在植物的选择上，是在原生植物的基础上，通过补种沙朴、石楠、狼尾草等植物，共同构成了林相完整性和植物多样性。

▲ 入口处改造前

▲ 入口处改造后

▲ 入口景观亭

▲ 建筑与自然共生

▲ 由猪圈改造修复后的咖啡厅

▲ 改造前的猪圈

▲ 改造后的咖啡厅

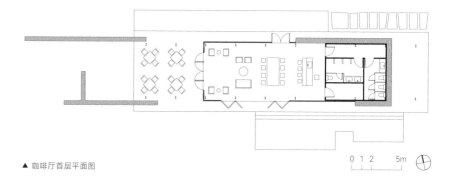

▲ 咖啡厅首层平面图

0 1 2　　5m

▲ 消隐在环境中的建筑

▲ 改造后的餐厅

▲ 餐厅改造前

▲ 餐厅改造后

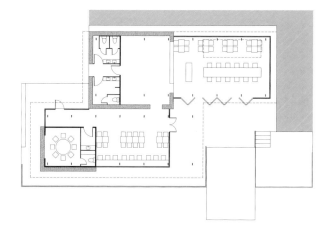

▲ 餐厅首层平面图

0 1 2　　5m

▲ 餐厅内景

宅基地的新生
REBIRTH OF HOMESTEADS

东西门村旧建筑所遗留的传统石墙，来自村内石头匠人娴熟的手工技艺，而设计的首要问题，便是如何处理这些石墙。毛石墙不仅是乡村风貌的重要特征，同时也是乡村肌理最重要的痕迹所在，因此我们的设计深化及材料运用均围绕石墙展开。设计前期仔细地测绘了现场留存的石屋和石墙，选择质量比较好的部分进行标注和保留。由于质量问题无法保留的石墙，也将石头堆放保存，再按照原来的位置重建。我们将这些旧的石墙视为"锚固"新建筑的重要依据，这样，新与旧，自然而然地有了一种延续与传承。

石构建筑的特点是墙体厚重、保温性能好，但也有材料浪费大、防水性能较差、抗震效果不佳的缺点。现场完全按照旧的石屋做法已无可能。我们在设计中将原来毛石墙体的承重作用去除，转化为围护结构，这样，原来承重的石墙获得了形式上的自由，得以充分地展示材质本身。毛石墙的内侧增加了砌块墙体，砌块墙体与毛石之间依次加入保温层、防水层、保护层，以提高新建筑的热工性能，保证新建筑满足现代的使用要求。

新的建筑则以钢框架的形式植入旧的毛石墙中。仔细考虑了现场的施工条件后，我们选择了建材市场上最常见的工字钢作为主要建材。梁和柱均采用200mm×200mm的工字钢，檩条则采用100mm×148mm的工字钢，便于现场采购及加工。同时在设计中仔细设计了框架的组合和材料的交接，主体的框架采用刚接，檩条与主体框架采用搭接。

这种框架体系可以根据不同的宅基地，灵活地采用I形、L形、U形等布局，很好地应对了复杂的宅基地和场地特征。小尺度的框架成了廊，大尺度的框架便成了房间。这种由原型框架生成单体，再生长为整体的方式，与传统聚落的构成方式完全一致。在施工过程中也取得了非常好的效果，清晰简单的结构体系不仅节约了造价，同时也让施工人员能够准确地理解设计者的意图，将现场施工犯错的空间控制到最小。

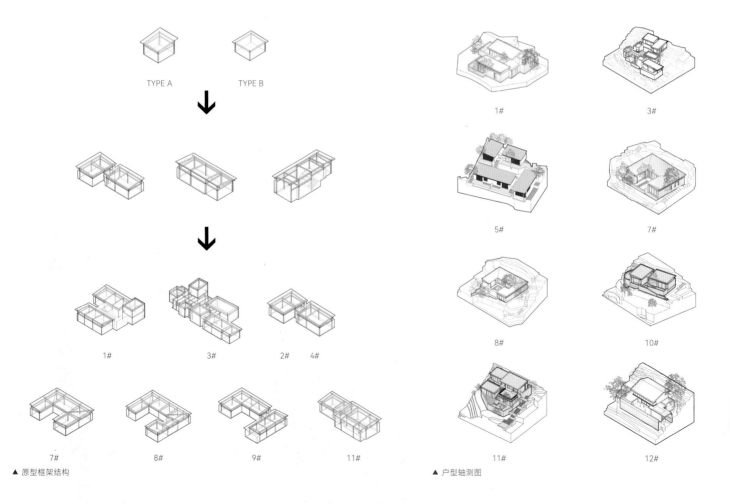

TYPE A　　　TYPE B

1#　　3#　　2#　4#

7#　　8#　　9#　　11#

▲ 原型框架结构

1#　　3#

5#　　7#

8#　　10#

11#　　12#

▲ 户型轴测图

▲ 5号院落客房

▲ 保留老院落的原始肌理及空间关系

1#

2#

3#

4#

5#

6#

7#

8#

9#

10#

11#

12#

▲ 户型分析图（红色表示保留的石墙）

▲ 毛石墙见证了新与旧的传承

▲ 毛石承载着场所的故事

▲ 自然与建筑的共生

▲ 对于石墙的保留和利用

▲ 直面风景的露台空间

▲ 院落内原有的老榆树和建筑的共生

1、2、4 号院
COURTYARDS 1, 2, AND 4

现存建筑为新建的石屋。设计保留了部分毛石墙体，梳理了建筑和场地的关系。1号院的建筑围绕原有的树木形成内庭院，2号院和4号院则形成L形的围合院落。

▲ 石墙的延续与传承

▲ 大面积开窗打破内外的边界

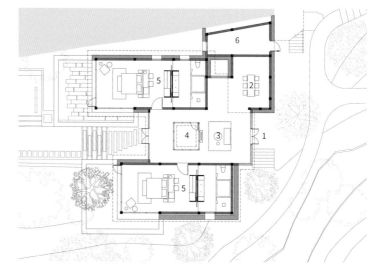

1 入口
2 餐厅
3 活动区
4 庭院
5 客房
6 布草间

▲ 1号院首层平面图

0m 2m   5m

▲ 客房室内空间

▲ 山景、院景、内部空间融为一体

▲ 静谧而有机的陈设

▲ 化繁为简的空间处理

▲ 静谧温暖的室内氛围

3 号院
COURTYARD 3

现存一些体量较小的石屋为过去的仓储生产辅助用房。设计利用现存的毛石体量，在其之间植入了玻璃盒体连接，每一个石头盒体分别承载卫生间、卧室等功能，玻璃盒体为儿童玩乐的游戏共享空间。

1 入口
2 玻璃中庭
3 卫生间
4 楼梯间
5 活动室
6 泡泡池
7 客房

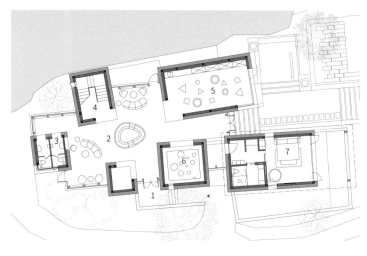

▲ 3号院平面图

0m 2m   5m

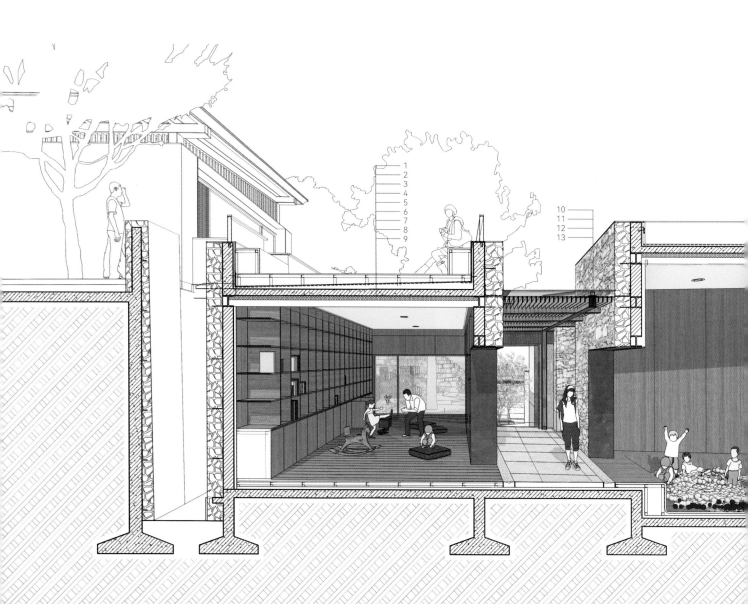

▲ 3号院内部空间

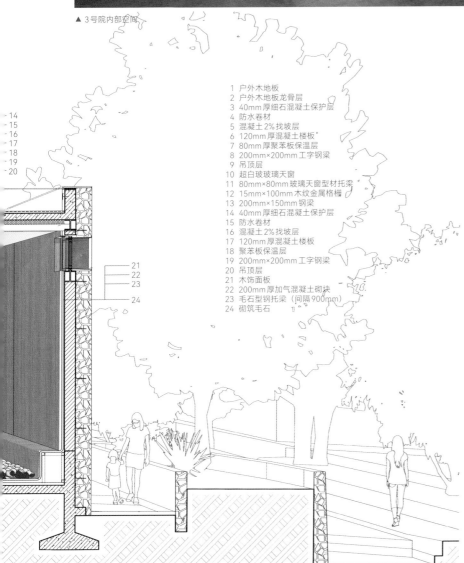

1 户外木地板
2 户外木地板龙骨层
3 40mm厚细石混凝土保护层
4 防水卷材
5 混凝土2%找坡层
6 120mm厚混凝土楼板
7 80mm厚聚苯板保温层
8 200mm×200mm工字钢梁
9 吊顶层
10 超白玻璃天窗
11 80mm×80mm玻璃天窗型材托梁
12 15mm×100mm木纹金属格栅
13 200mm×150mm钢梁
14 40mm厚细石混凝土保护层
15 防水卷材
16 混凝土2%找坡层
17 120mm厚混凝土楼板
18 聚苯板保温层
19 200mm×200mm工字钢梁
20 吊顶层
21 木饰面板
22 200mm厚加气混凝土砌块
23 毛石型钢托梁（间隔900mm）
24 砌筑毛石

▲ 3号院内部空间

◀ 3号院亲子民宿剖透视

▲ 纯粹的几何形体去除刻意的装饰和造型

6 号院
COURTYARD 6

6号院原为近年新建的建筑。此处位置临近上山的
主要道路，功能定义为民宿的会议聚会空间。考
虑到功能的差异性，也希望在形式策略上跳出传
统坡屋顶，以金属铝板为材料，以"折叠"作为
设计概念，墙、屋面和栏板整体连续，并与化解
场地高差的台阶融合，整个建筑表皮呈现出轻薄
的折纸效果，再加上角部完全打开的结构形体，
更加消解了建筑的重量感。以一种异质的姿态与
厚重的客房建筑形成对比。

▲ 6号院内部空间

1 入口
2 聚会空间
3 卫生间
4 储藏室

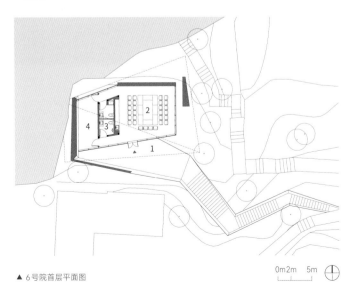

▲ 6号院首层平面图

0m 2m   5m

▲ 6号院

12 号院
COURTYARD 12

12 号院位于整个场地的最西侧,考虑其相对独立
的地理位置,设计将其定位为独栋客房。现存建
筑的旧民居已破败不堪。新建筑保留了老建筑的
毛石墙,植入二层的钢结构双坡屋顶体量,并对
坡屋面简化做法,采用平板水泥瓦,建筑通过轻
盈的玻璃界面与粗粝的毛石墙形成对比。有别于
其他院子的锚固于大地的稳重之势,12 号院子以
轻盈的姿态在二层悬挑出了大面积的 L 形转角灰
空间,与环境中的原始树木相融合,与自然相对话。

室内设计将客房的必备功能均整合成体块,作为
分隔空间的置入物,保证整体空间的流动性并丰
富了空间的层次感。素色的混凝土肌理和纯粹的
几何形体,温润的木质家具和野趣的自然山景,
静谧舒适而惬意。

▲ 12 号院建筑以轻盈的姿态介入自然

▲ 双坡屋面下的限定

▲ 客房室内空间

▲ 大面积开窗打破内外的边界

▲ 大面积的灰色以混凝土肌理呈现

▲ 温润的家具陈列与自然野趣相呼应

▲ 露台的灰空间增加层次感

▲ 大面积开窗打破内外的边界

▲ 12号院首层平面图

0m 2m　　5m

1 入口
2 玄关
3 客厅
4 卫生间
5 室外泡池
6 卧室
7 起居室
8 阳台

▲ 12号院二层平面图

村落重生
赋新价值

VILLAGE REGENERATION
AND NEW VALUE
ENDOWMENT

原住民的"回应"
"RESPONSE" FROM THE NATIVE PEOPLE

"我们就是这个村里的村民，国家有这样的好政策，村里也鼓励我们开展农家乐。现在来我们这旅游的比较多，尤其是周末或者节假日，赚得也比较多。"

——畔水居35号农家院老板

村民文化认同感的构建
THE CONSTRUCTION OF VILLAGERS' CULTURAL IDENTITY

乡村旅游对于他们最普遍的影响就是村民们开始重新审视自己的生存地，他们曾认为山区是落后的象征，如今却变成了游客们热衷的旅游资源。

"这些本地人太热情了，在他们家吃饭非要拉着我去他们菜地里直接摘，直接送给我们。问起他们经营情况他们也是毫不避讳，甚至年收入都告诉我们，打算年后再来一次！"

——游客A

"你们这可真是风水宝地，太适合养老了，羡慕你们在农村有房有地的。"

——游客B

"以前我们这山沟沟没几个人来，现在确实发展得不错，那些民宿一晚上都上千了，变成好地方了。"

—— 79岁，女，八楼村民

"以前出门赶集都不好意思说自己是这边的，现在可以很自信地说出来了。"

—— 68岁，女，八楼村民

乡村文化价值的自觉性反思
SELF-CONSCIOUS REFLECTION ON VILLAGE CULTURAL VALUES

还有游客登门询问是否愿意出售蔬菜。当然，由于距离乡镇市集较远，村内又没有小卖部，大部分村民家里都会自己饲养鸡鸭鹅等家禽。

"以前自家的鸡下的蛋都没当好的，每天都是自己吃了。没想到城里人这么稀罕这个，现在都不舍得吃了，游客多的时候就攒着卖了。"

——村民A

"之前旅游旺季的时候，很多来自城市的游客还专门带了矿泉水桶过来，灌了一桶井水回去。当时还觉得有些好笑，但确实在这个过程中也感到自豪，越来越多的乡土文化被认同。"

——村民B

九女峰乡村还举办了"元宵节美食市集""越野车赛""槐花节"等不同的活动，这些活动给整个片区带来了"热闹"，不少村民也参与其中。

"像是回到了20多年前赶庙会的时候，买不买东西另说，出来凑个热闹！"

—— 88岁的老人

交往方式的城市化
URBANIZATION OF COMMUNICATION METHODS

"以前嘛，我们都习惯讲土话，但是游客越来越多，人家都跟我们讲普通话，我们现在也讲讲普通话，尤其是孙女孙子都在城里上学，我们也不能跟他们说土话。"

——村民C

休闲的城市化
URBANIZATION OF LEISURE

"以前天黑了就上床睡觉，没有啥可以玩的，现在广场上很热闹，跳广场舞的、健身的、打球的，没事就去瞅两眼。"

——村民王师傅

自 2020 年 4 月以来，来自全国各省市的考察团莅临九女峰项目考察，至今九女峰项目已接待万人，承办婚礼、团建、商务拍摄等百余场次，被财政部山东监管总局总结为"山东省乡村振兴齐鲁样板三种典型模式"之一，被国家文化和旅游部、国家发展改革委收录于第二批全国乡村旅游重点村名单，被中央电视台、人民日报、求是网等主流媒体多次做了重点报道。

2020 年 10 月，"故乡的云"开业单月营业额超 **100 万元**，截至 2023 年，单日最高营业额超 **12 万元**，现象级网红书房文脉·九女峰书房单日最高营业额超 **8 万元**，短时间内成为山东省乡村振兴齐鲁样板。

曾经的省级贫困村—东西门村如今已民宿林立，游客云集，村民纷纷返村上班，带动周边乡村经济发展，正在迈向共同富裕，实现了"农房变客房，农民变股民，农村变景区"的转变。九女峰项目为当地提供 **200 多个就业岗位**，平均每个村集体年增加收入 **20 万元**，户均增收近 **4 万元**。

东西门村的活化更新，是一个根源复杂，集社会、资源、环境问题的多维度过程。从前期策划和规划、新空间的生成，到后期的产业导入和运营，本项目是典型的国有资本与当地政府合作，并在建筑设计的主导和组织下，与特定的社会语境和政策执行相结合，以设计推动乡村振兴的模式创新，为乡村赋能。

孤岛浮舟
FLOATING BOAT ON

舟山柴山岛托老所
ZHOUSHAN CHAISHAN ISLAND ELDERLY

3

HE ISLAND

RE HOME

废弃小学改造成托老所，成为全岛公区，解决海岛养老问题。

浙江舟山
柴山岛

CHAISHAN ISLAND
ZHOUSHAN
ZHEJIANG PROVINCE
2023—2024 年

柴山岛，这座昔日渔业繁荣的渔村，曾经见证无数渔船满载而归的盛景，如今逐渐因人口流失而沉寂。随着渔业资源保护措施的实施和过度捕捞的衰退，年轻人纷纷离岛追寻新机会，岛上仅余96位老人坚守在这片土地，成为这座"孤岛"最后的守望者。

在乡村逐渐凋敝、老龄化趋势加剧的背景下，留守老人的养老需求愈加突出，乡村养老服务成为治理的当务之急。为此，我们受舟山市普陀区白沙管委会委托，将岛上一所闲置小学改造成托老所。这也是在低生育率和人口老龄化的中国社会背景下，一种功能置换的建筑策略。我们希望通过空间改造，为96位海岛留守老人营造属于他们的精神家园，唤起他们沉淀在岁月中的温馨回忆。

不同于传统以文旅开发为导向的乡村振兴策略，我们将关怀留守老人作为设计核心，着力于帮助老人就地安养，并为乡村注入生机。托老所将不仅作为他们的安养之地，更成为联结老人与社区的桥梁，并以此探索乡村地区公共养老服务的可持续模式，为乡村建设开创新的可能。

▲ 总平面图

0   50m

▲ 柴山岛风貌

▲ 柴山岛风貌（图源:《梦想改造家》视频截图）

现状及限制
CURRENT SITUATION AND
LIMITATIONS

柴山岛隶属舟山普陀区白沙乡,是一座陆域面积 0.88km² 的悬水小岛。原有建筑地处柴山岛中心区位,是全岛屈指可数的几个公共建筑之一。场地是一栋始建于 20 年前的小学,并于 4 年前改造成为临时养老院,因为设施简陋,很少有老人愿意入住。

前期调研中发现了不少现存问题。地形因素致使场地内外高差显著;公共区域狭促,难以契合活动需求;老人居室南向为公共走廊,加剧光照匮乏与潮湿之弊端。上述缺陷致使养老院的实际使用价值低下,不利于老人居住。因此,改造所需要解决的不单单在于建筑物的修缮,更在于空间的重构。

在改造施工过程中,团队面临诸多挑战。柴山岛每日航运次数有限,建筑废料无法及时移至填埋场,只得暂时在岛上空余之处堆积。同时,运输水泥、沙石和钢筋等建材也是棘手难题。岛上道路狭窄且老旧,3000 多吨建筑材料只能通过施工队伍分批次小规模运送至现场。

为解决这一问题,我们与业主团队一起讨论,决定修建一条贯通至码头的环形道路。同时,结合未来岛屿的综合开发计划,连接山顶与各区域。所有材料首先集中运抵山顶,再逐步向下配送至指定位置。

▲ 倾听留守老人的需求(图源:《梦想改造家》视频截图)

▲ 改造前

记忆的回溯
RECALLING MEMORIES

柴山岛自然原始,小居古朴,环抱于山海之间。在我们深入小岛现场调研时,与岛上的老人们有了面对面交流的机会,听他们讲柴山岛的故事,也了解到了他们对养老院的诉求。这些老人大部分都曾是靠海吃海的渔民。在回想起年轻时的记忆时,老人们暗淡的眼神又重新焕发了神采。

托老所设计灵感源自渔船,其端部形体底面经曲面处理和悬挑,使整体形象更为鲜明,宛如一艘"漂浮"于岛上的船只。以此触动老人的情绪与感知体验,唤醒老人的青春记忆,且以建筑为媒介传递柴山岛的故事。

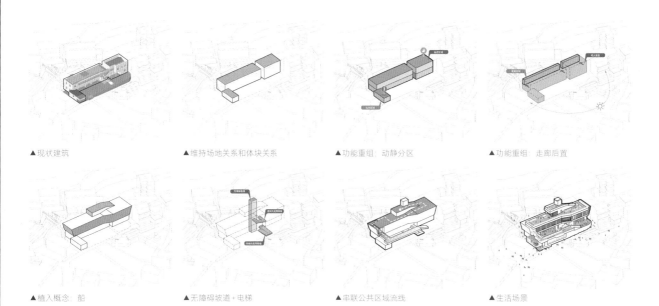

▲ 现状建筑　　　　　　　▲ 维持场地关系和体块关系　　　　▲ 功能重组：动静分区　　　　▲ 功能重组：走廊后置

▲ 植入概念：舶　　　　　　▲ 无障碍坡道 + 电梯　　　　▲ 串联公共区域流线　　　　▲ 生活场景

▲ 模型立面

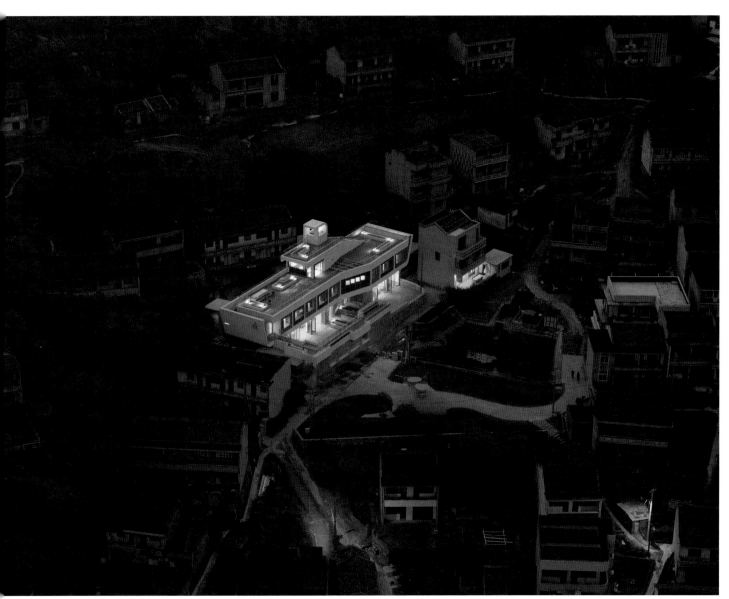

▲ 嵌入海岛村落肌理的托老所

▲ 海面漂浮的渔船

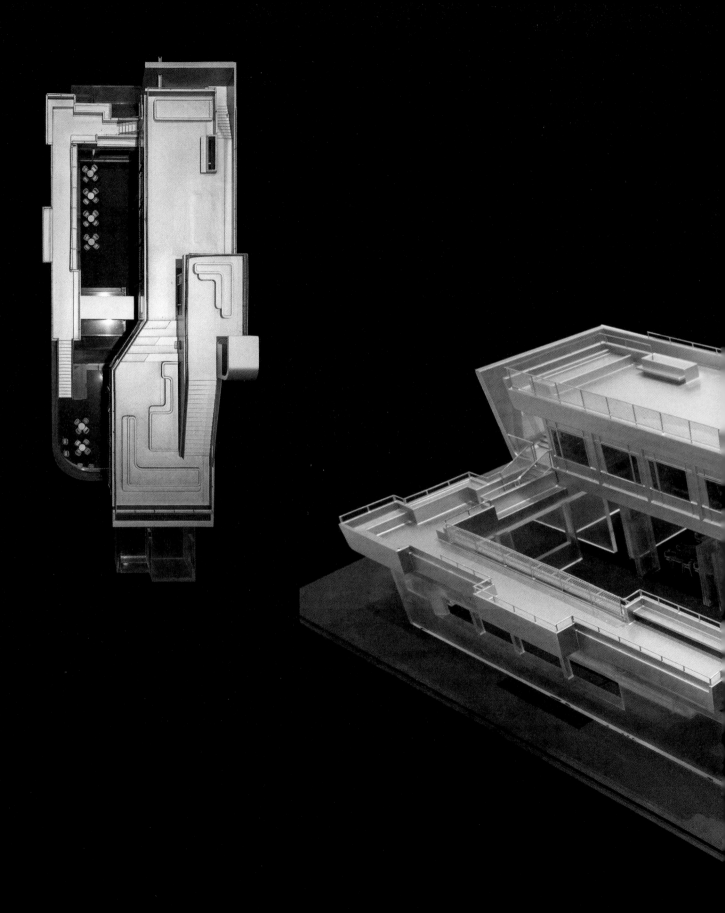

公共空间
最大化、
立体化
MAXIMIZING AND THREE-DIMENTIONALIZING PUBLIC SPACE

改造前托老所住有4位老人，其余岛上老人则居家养老。随着年龄的增加，老人的生活半径逐步缩小，老人更需要聚集性公共空间满足日常、文化和社会交往需求。改造旨在帮助老人与社会建立联系纽带，减少他们的孤独感。

因为用地面积狭小，我们将首层空间全部用于公共空间，如临终关怀室、共享食堂、厨房、多功能厅等，开放给岛上所有居民，二层则是养老居住空间。

设置多层屋顶露台，以一条坡道串联首层院落与所有露台，用花池和座椅区隔动线与空间，为老人提供充足的户外活动和停留空间，实现狭小用地下的公共空间最大化和立体化。

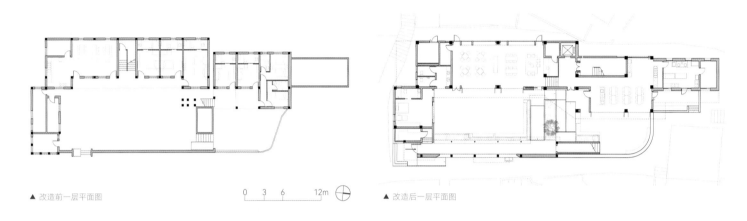

▲ 改造前一层平面图　　　　0　3　6　　12m　　　　▲ 改造后一层平面图

▲ 建筑入口

▲ 户外公共区域

▲ 坡道串联公共空间

▲ 户外连廊

流线重组
CIRCULATION REORGANIZATION

原托老所依山而建，所占的南北两块台地间有1.2m的高差。若仅抬高南侧地基，从场地外部进入院落内的高差达到近两米，对老人不便。因此，我们保留原台地，将南侧地势低的台地与外部道路相连，确保通行无阻。

原院落虽开敞但空间利用率低。为了塑造新的空间层次，我们改变入口位置，优化动线，使用一条连廊将人流引导至中间一层院落空间再进入室内，串联托老所的外部与内部。

▲ 改造前院落空间

▲ 户外公共区域

▲ 无障碍坡道

151

▲ 户外连廊

▲ 串联内外的连廊

厨房与食堂的联动
KITCHEN AND CAFETERIA COORDINATION

在一层北侧，我们将场地周边的一栋民居纳入整体改造范围中，将其与主体建筑连接，共同构建了一个宽敞明亮的共享食堂和厨房。这一改造不仅为老人们提供了一个更高质量的用餐空间，更成为一个活动交流的多功能空间。

更进一步的，我们将庭院与一层多功能厅的边界打开，增大了户外公共区域与室内空间之间的联动性，强化托老所的社交属性，利于岛上丰富活动的展开，也促进了老人之间的交流与互动。

▲ 改造前厨房空间

▲ 改造前食堂空间

▲ 共享食堂空间

▲ 打破内外边界

▲ 共享食堂空间

屋顶视野创造
ROOFTOP VIEW CREATION

屋面空间的再利用不仅扩大了实际使用面积，还充分释放了海岛的景观潜力。我们为二层卫生间增设了天窗，以提升采光效果，并在屋面层围绕天窗设计了座椅、菜园等景观空间，同时新建了一间视野开阔的屋顶茶室，增强了屋顶的活动性和功能性。老人可以从屋顶俯瞰岛屿与大海，享受宁静的心灵慰藉。

▲ 屋顶空间鸟瞰

▲ 从屋顶眺望岛屿

▲ 屋顶茶室

▲ 揽入小岛风景

医养空间的
蜕变

TRANSFORMATION OF
MEDICAL AND NURSING
SPACES

针对建筑空间布局不均、功能兼容性差的问题，我们通过区域划分，实现小空间多功能融合，优化医养空间布局。

居住区的重塑
RESIDENTIAL AREA RESTRUCTURING

二层原为居住空间，改造前，走廊位于建筑朝阳面，对老人卧室的采光有较大影响。基于此，我们将走廊、楼梯等辅助动线调整至建筑背阴面，而将向阳面留给老人居住，以提供更好的光照、通风和视野。

原本二层有连接南北建筑的高差区域，不便于老人通行，从而加入一个公共空间，将南北两边标高不同的卧室区分隔开，用无障碍坡道连接。还增设了书吧这类多样化休息、交流空间。书吧将室内空间室外化，让出行不便的老人也能亲近自然，享受岛屿风光。

▲ 改造前老人卧室

▲ 改造后老人卧室

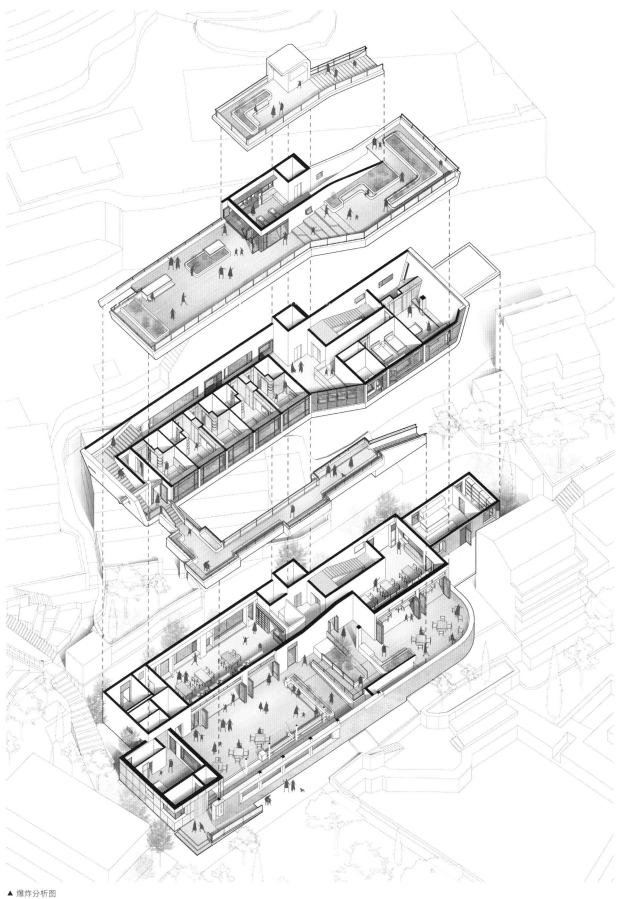

▲ 爆炸分析图

适老化提升
ELDERLY FRIENDLY ENHANCEMENT

安全性是适老化设计的关键，改造目标为打造有适老化细节的建筑空间。原建筑内由于高低地势而建造的陡峭台阶对于养老居住并不合理。因此，改造时移动楼梯间至场地中心，并配置一台可达屋面层的电梯联系各个空间，垂直交通动线的方式解决了老人上下楼的问题。

同时，将室内外全部楼梯踏步放宽改缓，增加扶手适合老人缓步而行。在整体空间中全部采用无障碍通道相连，提高场地的通达性。设置间隔性的座椅于长距离走廊，辅助行动不便老人休息。

在老人卧室中强化了适老性细节，更新了专业的护理床和呼救设备提升护老便捷性，并将家具的边角都进行了处理，减少了尖锐的边缘和角落。

原卫生间空间狭小，不满足无障碍设计规范1.5m的轮椅回转空间，因此整改了布局，提高了室内无障碍设施的合规性。同时消除卧室与卫生间之间的地面高差，将光面地砖替换为防滑耐摔的水磨石材质，提升了内部空间使用的安全性。

▲ 改造前内部空间

▲ 使用无障碍坡道连接

▲ 改造后走廊

▲ 改造后楼梯间

单人间红

单人间蓝

单人套间

双人间

二层走廊

茶室

多功能室 1

多功能室 2

▲ 窗套体系轴测图

▲ 窗套体系在走廊的应用

▲ 卫生间无障碍设施

▲ 改造前卫生间

▲ 改造后卫生间

▲ 老人卧室

▲ 卧室家具

色彩与
在地材料
的延续
CONTINUATION OF COLOURS
AND LOCAL MATERIALS

我们尊重岛上的场地记忆和村落肌理，为了更好地将建筑融入环境，使用在地元素作为色彩与材料运用的依据。

红与蓝缘起于渔民为船只涂上新漆之后，总将剩余的颜料涂于自家门窗上，这些色彩凝聚成了特有的居民立面印记。我们将红色和蓝色使用在二层卧室的外部立面以及内部窗台上，也以彩漆木板的形式穿插于交通空间和户外坡道上。鲜明的色彩帮助老人清晰定位空间，区别场地内不同地点。

建筑主体材料选用了水洗石涂料，以其独特的颗粒感赋予建筑表面丰富的肌理效果，显著提升了建筑的质感。入口围墙应用岛上常用的毛石材料，连廊采用钢柱，形成轻与重的对比。丰富托老所的材料层次，呼应在地建筑氛围。

此外，周围老房子中常常将渔网作为入口或者围栏的隔挡材料。我们提取这一元素，将连廊和顶层眺望灯塔的防护网的质地仿照渔网样式呈现，赋予材料新的表现力。

▲ 墙面涂料细节

▲ 柴山岛民居立面材质与色彩

▲ 建筑立面

▲ 渔网样式

▲ 红与蓝在立面中的运用

▲ 二楼外廊

1 保温层
2 轻质材料回填
3 预制混凝土板
4 LOW-E 超白玻固定扇
5 天窗
6 银色金属栏杆
7 屋顶种植花圃

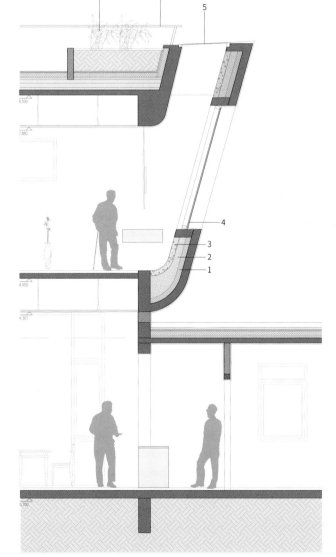

▲ 墙身大样

▲ 海岛乡村的日常景观

▲ 庭院廊道

▲ 外观细节

海风中的晚年，没有被遗忘

GRACEFUL AGING IN THE SEA
BREEZE IS NOT FORGOTTEN

乡村生活现状与养老挑战
THE CURRENT STATE OF RURAL LIFE AND THE CHALLENGES OF ELDERLY CARE

"我们宁海志愿者刚好对接的是这边，我的专业是老年服务与管理。我是 2017 年毕业的，到今年已经做养老 6 年了。给他们打扫卫生，霉气很重很重的，所有被子都给他们洗一遍，通通风，被子给他晒晒，有时候爷爷会忘吃药，我们给他提醒一下。"

——小周，志愿者

"因为敬老院原来比较简单，很多的养老设施是跟不上的。包括我们原来的房间里面是有上下台阶的，那么老人有些腿脚不方便的，上厕所也是有点困难的。"

——叶增浩，委托人、管委会书记

"菜是从外边运过来的，一星期两次，交通非常不方便。吃饭早上六点半，中午十点半，晚上四点半，整个岛上的老人时间都很早。没有做无障碍的设施，其实对老人是一个很大的隐患。条件和设备不允许，我们目前只能做一些护理工作，比如量量血压。一共三个空调有一个还是坏的。扩建部分有高差，对于老人来说是很吃力的。还有一些房间非常潮。"

——小周，志愿者

"我今年 72 岁，住得最长了，有十一二年。夏天天气热，这个平顶热，我们这里海岛风比较大，冬天有点儿冷。"

——崔五善，村民

"家里有水有电，挺方便的。儿子女儿让我去养老院，但我自己不愿意去，自己住家里自由点儿。住在这里，国家补贴有 700 元，钱用够了，住养老院，还差一些。我儿子要给我出钱，我不要。住自己家里钱用用就好了。"

——贝阿婆，村民

"高血压啊、糖尿病啊、高血脂啊，这是老年病的专利啊。小年轻的医生过来不喜欢住，住了一两天就走了，待不住。我自己打算呢，明年 6 月做过就不做了。七十一了，不能做了。做到一百岁，两百岁是不可能的嘛。"

——张医生，村民

"一般做一个鱼、一个菜、一个汤。莴笋他们是咬不动的，毛豆也咬不动，只能吃土豆、南瓜、鸡蛋。托老所更专业的护理员需要从外地调到岛上支援。"

——秋月嫂，村民

"我们是以老养老嘛，六十多岁算年轻人。就是稍微年轻一点的在照顾一些年龄大一些的。"

——叶增浩，委托人、管委书记

社区情感与文化价值
COMMUNITY SENTIMENT AND CULTURAL VALUES

"我觉得这个房子对于老人来说就是他从年轻长大以及工作在这里的回忆都在这个房子里面，这个房子就是他一生的这个劳动的所得和结晶。所以我觉得记录一下老人和房子的这个影像就是一个非常宝贵的记忆。"

——小岛，摄影师

"很原始，就好像能看到他们时光的变迁一样。旁边的白沙岛就是开发的有点儿太商业化了。希望柴山这边能够保留下它这种原始的感觉。"

——游客 A

"都是老人了，基本上七十岁以上了。七十岁以下的只有五六个。毕竟年纪大了，行动不方便。比如我们老书记呢，现在已经96岁了。我就在他的船上捕鱼。捕鱼时都是他们照顾我的。到了岸上，人都要照顾别人的。就算我们年纪也不轻了，总要把他们服务好。"

——志明哥，村民

"这个广场有不到70人，那时渔村有1300多人，外头打工来的有2000多人，一共大约3000多人，那时候我们岛是很富裕的，我们每一家有一条船，野生大黄鱼、带鱼、墨鱼、乌贼、鲳鱼，一年最起码收获1万多吨。这里的人都是捕鱼的，浪大起来船都会被浪掀起来。出去捕鱼的话，浪大也不怕。那时候不是有口号嘛：十万渔民上战场。年纪大了，没有用了。我其他地方都不喜欢，就喜欢这里。为什么呢，这里空气好。"

——胡再忠，村民

原住民的"回应"
"RESPONSE" FROM THE NATIVE PEOPLE

"孟老师设计的船像我们打鱼时候的那种登陆艇。庭院里如果搭个棚就可以唱戏了。屋子里热乎乎的，想不到的事情做到了。这里面环境好空气也好，别人来也会觉得很舒服。"

——村民 B

"想不到我们这个小岛，还有这样一种宝贝！你们考虑得太周到了，我们心里热乎乎的。以前都是你管你，我管我，封闭的空间，现在也打开了，是我看到你，你看到我，大家四面八方都能看见了，多舒服，太漂亮了（鼓掌）。"

——村民 C

随着"小岛你好"海岛共富行动的推进，柴山岛逐渐成为政府关注的焦点，并被定位为"艺术度假岛"以推动下阶段的发展。柴山岛托老所的落成，不仅满足了老人的养老需求，还为召开民生议事堂协商会议提供了理想空间，吸引了区政协委员、白沙港村村民和乡贤代表齐聚一堂，真正实现了全岛公共空间的设计初衷。

怀着对乡村振兴的热忱和对这些依海而生的老人的深深敬意，我们全力投身于这个公益性托老所项目，致力于打造一个兼具养老功能和乡村特色的温馨空间，为老人带去关怀和温暖。同时，我们也希望借此项目引发更多人对乡村养老这一重要议题的关注。在低生育率和人口老龄化的社会背景下，这一具备通用性和示范意义的功能置换改造策略，展示了土地资源再利用的可能性，并为城镇养老建设提供了有益的参考与启示。

生长与对话
GROWTH AND DIALO

贵州龙塘村精准扶贫设计实践
LONGTANG TARGETED POVERTY ALLEVIA

4

GUE

ON PROJECT IN GUIZHOU

存量改造示范与增量产业
导入，推动贵州苗寨的精
准扶贫与共同富裕。

贵州黔东南
雷山县
龙塘村

LONGTANG VILLAGE
LEISHAN COUNTY
GUIZHOU PROVINCE
2018-2020 年

龙塘村位于贵州黔东南州雷山县，梯田茶林云雾缭绕，吊脚木楼依崖而落，淳朴的苗人世代居住于此，沿袭着古朴自然的生活方式。然而，被列入中国传统村落名录的龙塘却因产业基础薄弱、人口空心化而逐步走向衰落。

2013年11月，"精准扶贫"重要思想被首次提出，成为我国脱贫攻坚的基本方略。贵州苗寨"龙塘山房"成为融创投身美丽乡村振兴与精准扶贫公益实践的首个项目。基于我们团队在乡村振兴领域的全方位经验，融创中国、国务院扶贫办友成基金会共同委托我们，深入龙塘，重塑村落。

项目伊始，我提议重新分配资金，不建议将所有资源集中于古村落的改造上，并提出双线并行的策略——在风貌保护区内做苗寨民居的示范性改造，协调传统风貌和当下生活的空间需求，也为后续村民自主运营农家乐、民宿等创造机会；在保护区外，我们选址并设计建造了一组山房民宿，打造网红为当地引流，借助良好的运营为村民带来分红，实现可持续的稳定脱贫。

该项目建筑面积2400m²，包括1650m²的增量建筑置入和750m²的存量建筑改造，其中增量部分由8幢单体客房及餐厅、悬崖剧场、无边泳池等公区配套组成，配以登山步道建设及局部景观修复，以此带动整个村落的生活生产动线以及未来发展的文旅产业流线。

▲ 总平面图

0   100m

▲ 传统龙塘苗寨

▲ 苗族传统习俗

传统乡村的未来：
存量与增量并行

FUTURE OF TRADITIONAL VILLAGES:
STOCK AND INCREMENT IN PARALLEL

团队在龙塘村调研的过程中，发现龙塘村也存在着当今很多传统村落里的一个所谓的"通病"——自发改造：村民们自发将传统美人靠被铝合金门窗封闭来抵御严寒的气候，原本底层堆放农具的架空层也被村民用水泥和砖等现代材料扩建为房屋和卫生间等。村书记说道："村子里通了路，一些基本的现代建筑材料变得容易买到，近几年村民们陆续在改造自家房屋，来看过的专家都说我们是在搞破坏。"

诚然，这是一种对传统建筑风貌的人为侵袭，但在我们看来，这村民自主的集体性改建，实则是他们真实生活需求的体现。传统农耕时代产居结合、就地取材的木构吊脚楼，已无法满足新时代下村民们舒适便利的基本生活需要。

传统民居与现代生活需求，传统风貌与新型工业材料，传统工艺与新产业的激活，一边是田园牧歌的理想，一边是现实的发展与生活的需要，同时极低的造价预算也是需要克服的设计障碍。这些看似相互矛盾的问题摆在眼前，我们参与其中，从建筑师的角度，试图给这个走向没落的传统苗寨一个回应与解答。

尊重历史，拥抱未来——在风貌保护区内为村民做民居改造示范，在保护区外选址植入具有当代以及未来感却不失吊脚楼师法自然精神内核的精品民宿——存量与增量设计并行。

我们试图在提高村民生活品质的同时，理通苗寨的聚落脉络与文化脉络，为藏于深山的贫困村落引入流量，注入活力，激活村落自我造血能力。

▲ 保护区外的增量建筑

应对与通用：
存量改造

ADAPTATION AND VERSATILITY:
RENOVATION OF EXISTING
STILTED HOUSES

存量改造以村民自发改建时相近的成本，在对传统苗寨吊脚楼深入研究的基础上，对村民的生活方式和个人诉求做出回应。我们希望改造完成后，这个既解决问题又维持造价不变的设计能够成为村民改建自家房屋的范本，改变原有私搭乱建对传统风貌产生的破坏。

平衡传统建筑与现代需求间的冲突且减少现代材料带来的异质感，是设计团队在存量改造时首先考虑的问题。改造设计最大化地保留和利用原有建筑结构与立面材料，将村民当代生活中需要的现代化厕所、厨房、农具储存等生活功能作为一个空间体块植入原有建筑的架空层及一侧，同时留出部分架空区域，为村民避雨、遮阴、社交、停车等日常需求提供场所；屋顶空间延续村落风貌增加坡屋顶，同时也提供了通风遮雨的屋顶晾晒区，最后，还希望通过增设太阳能光伏板的方式，为村落带来绿色清洁的能源。

得益于材料的在地性与结构、构造的简化，示范改造的最终成本与村民自发改建的成本相近，完成效果也得到村民的认可并自发模仿，当地的15户村民以此为范本对自家房进行了改造，实现了以点带面式的示范性推广，达成一种应对需求下的从侵蚀风貌到修复风貌的自我复兴。

▲ 设计介入前的村民自改房

▲ 示范性改造成果

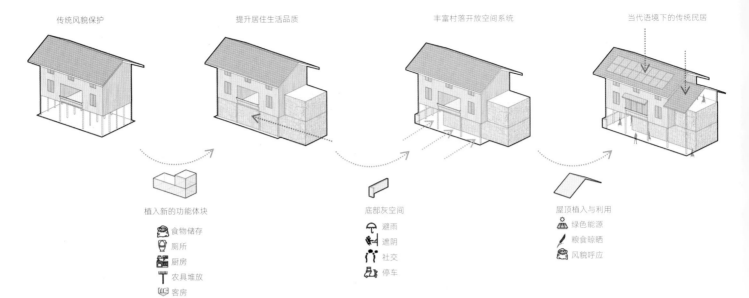

传统风貌保护　　　　　　　　提升居住生活品质　　　　　　　丰富村落开放空间系统　　　　当代语境下的传统民居

植入新的功能体块

🍙 食物储存
🚽 厕所
🍳 厨房
🧹 农具堆放
🛏 客房

底部灰空间

☂ 避雨
🌂 遮阴
👫 社交
🚗 停车

屋顶植入与利用

🔆 绿色能源
✒ 粮食晾晒
🏠 风貌呼应

▲ 改造策略

▲ 示范性改造成果

▲ 示范性存量改造内部空间

1 **太阳能光伏板**
利用龙塘充足的阳光与坡屋顶本身向阳坡度，将太阳能转换为电能，利用绿色能源补给村民用电。

2 **美人靠折叠封闭门**

3 **底层凉廊**
底层局部封砖，形成凉廊灰空间，居民可以乘凉谈天，可以堆放必要的生产工具，甚至可以停放车辆。

4 **竹钢扶手**
利用贵州盛产的毛竹与钢结合制成扶手，使建筑整体材料和谐统一。

5 **石墙**
利用当地石头做维护结构不仅保温隔热性能好，而且风貌统一和谐。

6 **一层房间与厕所**
一层将架空层局部封砖用作房间与厕所。

7 **二层厨房与厕所**
附属用房二层用作厨房与厕所，与吊脚楼餐厅连接。

8 **贮藏空间顶层平台**

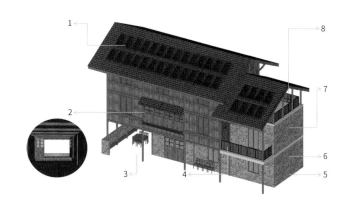

▲ 存量改造策略

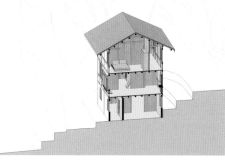

▲ 剖面图（改造前）

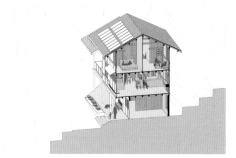

▲ 剖面图（改造后）

▲ 示范性改造成果

生长与对话：
增量置入
GROWTH AND DIALOGUE:
INCREMENTAL PLACEMENT

▲ 苗寨新景观

"龙塘山房"和传统吊脚楼一样，生长于山脊上，在化解地势高差的同时形成高低错落、互不干扰视线的客房聚落。选址与风貌保护区相隔却又相互遥望，仿佛是苗寨的过去与未来的遥相呼应。

客房的形制由传统的苗族吊脚楼演变而来，将建筑底层架空，脱离山体，满足通风防潮需要的同时将客房设备隐藏其下，整体建筑体量得以悬浮在山林坡顶，远观若隐若现，近观与山一体。每栋客房入口在建筑与山体交合处，利用地形成就巧妙的上下立体关系。

在客房的建造过程中，轻与重不存在对立，而是互相成就。基于场地施工难度，客房原计划通过钢结构预制生产实现一种轻盈的未来感，但在极低的造价条件下，通过与当地施工人员沟通，最终还是调整成虽显沉重但价格便宜的钢筋混凝土结构。

建筑体量漂浮在近45°的山体斜坡上，将玻璃、金属板等当代材料与毛石、小青瓦、木材等在地材料混合利用，以脱离基底的建筑体量和融入山林的材料质感将建筑结构"重"消解。设计基于在地条件，以现代的建造手法转译出传统吊脚楼依山就势的特点。

"龙塘山房"的民宿公区则突破了传统乡土建筑的形式与风格，试图营造精致纯净的现代感与自然山野之间的对话。建筑根据山体的高差自然分成两个"L"形体量，上下连接，相互咬合，上部探向远山，下部内敛于半坡，依据山形山势生成流动的边界，嵌入山体与森林，以抽象的形式对话传统龙塘苗寨。

交错咬合的"L"形体量获得了最大化的景观活动面，分别形成了两个不同高差的室外景观露台，上层屋面可登高望远，一览村落与人文和自然美景，下层屋面也结合使用功能，形成室外景观剧场以及无边泳池。

考虑到山地以及曲面施工的复杂性，建筑主体采用钢结构体系，外部包裹金属铝板，内部与室内界面留出空腔填充轻质保温以及防水材料。整体在工厂加工完成，现场吊装。建造简易迅速、运输方便安全，这样的选择，也充分应对了乡村现场施工的精度不足和山地施工的复杂条件。

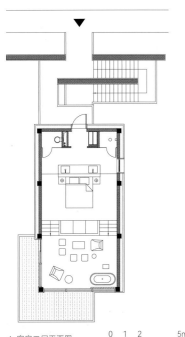

▲ 客房二层平面图　　0 1 2　　5m

▲ 客房内部

▲ 远望龙塘山房

▲ 云雾中的客房

▲ 互不干扰视线的客房聚落

▲ 在地材料的混合利用

▲ 建筑体量漂浮在近45°的山体斜坡

▲ 客房融入山林

▲ 悬浮在山林坡顶的客房

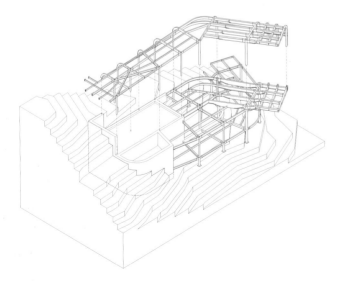

▲ 公区主体结构

▲ 苗寨上空的新旧对话

▲ 龙塘山房夜景

▲ 精致纯净的现代感

▲ 建筑体量依崖而落

▲ 建筑体量悬浮在山林坡顶

▲ 公区的户外露台空间

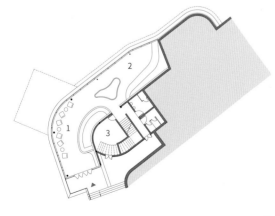

▲ 公区一层平面图

0 1 2   5m

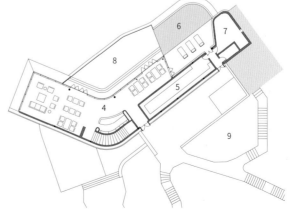

▲ 公区二层平面图

▲ 民宿公区

1 书吧
2 民俗体验中心
3 管理用房
4 餐厅
5 厨房
6 泳池
7 库房
8 观景平台
9 后院

精准扶贫成功实现共同富裕

SUCCESSFUL TARGETED POVERTY ALLEVIATION ACHIEVES COMMON PROSPERITY

原住民的"回应"
"RESPONSE" FROM THE NATIVE PEOPLE

"以前在外打工，一年也就回来一两次，孩子在家里也不放心。听说孩子有什么发烧感冒，上班都没有心情。自从村里有了龙塘山房精品民宿，在家就能就业，方便照顾老小。我要在这里好好工作，积累经验，以后自己也开民宿。"

——毛海燕，40岁，龙塘村村民

"告别外出打工生涯，回到家乡投身乡村振兴事业，成为龙塘村合作社资金互助部负责人、农业产业部负责人，在这里找到了自己的人生使命。"

——文远胜，90后，龙塘村村民

精准扶贫的成效见证
WITNESSING THE ACHIEVEMENTS OF TARGETED POVERTY ALLEVIATION

"龙塘山房民宿开业后，一个多月就收入4万余元，这是融创捐赠给村集体的资产，一年估计可以增收40多万元。另外，融创为村民改建的民宿，一年预计也可增收20多万元。"

——文冲，龙塘村村主任

"自从融创贵州帮扶龙塘村以来，村里变了样。"

——潘大叔，52岁，龙塘村村民

"一年算下来，也有两万多块钱的收入，现在我们不仅脱贫，我们真的奔向小康生活了。"

——文武，龙塘村村民

村民文化认同感的构建
THE CONSTRUCTION OF VILLAGERS' CULTURAL IDENTITY

刺绣和蜡染，是苗族世代相传的传统技艺。年轻的绣娘潘晓芬，也回村寻回了祖辈传承的苗绣工艺。随着融创组织的刺绣、蜡染等手工艺培训的开展，龙塘绣娘团正式成立，让非遗文化得以重拾与传承。

"有一些蜡染的抱枕、背包，就是挂画、笔记本、书套等，目前也有了三万多（元）的收入，还是挺不错的。"

——潘晓芬，龙塘村村民

"我现在最喜欢守在寨子门口，乐于向游人们介绍自己的家乡、摆一摆龙塘的传说。"

——文德龙，60岁，龙塘村村民

各方资源再整合下的共同富裕
RESOURCE INTEGRATION FOR COMMON PROSPERITY

"三年来，项目组与龙塘村村民一起发掘龙塘村的民族文化特色及乡土文化资源，积极推广旅游扶贫和产业扶贫。2019年，龙塘村的贫困发生率从2018年的2.5%下降到了0，也就是全面脱贫。只有切实地增强贫困群众的造血能力，调动贫困地区干部的积极主动性和创造性，才能使脱贫具有更可持续的内生动力。"

——零慧，友成基金会秘书长

"龙塘山房的收益惠及龙塘全村，但它的存在不是为了赚钱，而是为了带动。游客冲着龙塘山房来这里，也可以选择住在山下民宿，深度体验扎染蜡染、苗族刺绣，尝尝美味的稻田鱼，增加住宿外收入，真正实现以点带面。"

——韩永坤，印主题旅居创始人

如今，龙塘正重拾乡村活力，实现了从"生活"到"生产"的全面进步。两年多来，融创与友成企业家扶贫基金会结合自身优势产业及资源，通过文旅切入、产业带动、文化激活、教育帮扶等手段，在保护村庄民族文化及传统生活方式的基础上，建立起"扶贫不返贫"的长效发展机制。村内成立龙之塘乡村旅游专业合作社，印主题酒店管理公司则以专业的运营经验为后续发展注入力量，挖掘村落物质文化遗产，振兴传统工艺，助力经营餐厅、文创产品、非遗工坊等，提供乡村长期良性发展动力。建造不是一蹴而就的过程，乡村振兴更是多方合力实践下才能完成的愿景。我们以建筑师的角色投身脱贫攻坚的前方战线，应对传统苗寨村落在发展失位中产生的现实问题，存量示范，增量带动，在地理与经济的限定条件中解决直观需求，为乡村造血，使其在现代新型生活方式的转型中自我更新，有序发展。

龙塘村，曾为国家二类贫困村，于2014年被列入。自2018年项目启动，该村通过"乡村旅游+农业产业"的发展模式建设高端民宿"龙塘山房"，并致力于完善龙塘乡村旅游生态圈，培养村民的民宿运营能力和非遗文化产品生产技能，推动当地人才振兴和特色文化发展，并帮助设计农产品自有品牌"龙塘好物"，带动农业产业发展。2019年，龙塘村实现脱贫摘帽，期间受到CCTV《我的美丽乡村》、CCTV《晚间新闻》、经济日报、新华网、一条、头条新闻、中国新闻网等媒体报道。

"龙塘山房"于2020年10月19日正式揭牌亮相并交付给村集体试运营，后续由印主题旅居协助龙塘村合作社负责管理、运营。运营收益的大部分都通过村集体归全体村民所有。2021年3月5日正式启动运营以来，"龙塘山房"在四个月内就以均价**3000元/晚**荣登黔东南州四五星酒店间夜和ADR排行榜第一，抖音排名第二，成为当地热门打卡地和酒店业焦点，为龙塘村发展带来了勃勃生机。2021年，龙塘村被列为黔东南州特色田园乡村·乡村振兴示范点。短短七个月的运营时间内，合作社收入高达**336.8万元**，实现利润**153.7万元**，并给原本人均年收入**3000+**的贫困村分红**132万**。分红中，206户社员每户分得**1101元**，非社员也获得了**471.3元/户**的收益。此外，龙塘村在2021年至2023年三年间，为村民带来了超过**410万元**的总分红，其中2021年分红**132万元**，2022年分红**107万元**，2023年分红**171万元**。2023年，龙塘村集体经济运营总收入**314.4万余元**，利润**171.6万余元**，合作社分红**120.1万余元**。截至该年，龙塘村总收入超过了**1000万元**，实现了在外力撤出后乡村自治良好的可持续发展。

唯一性与普遍性
UNIQUENESS AND U

"两山" 理念发源地安吉余村有
ORGANIC REGENERATION OF YU VILLAGE
THE "TWO MOUNTAINS" THEORY

5

IVERSALITY

几更新

N ANJI, THE BIRTHPLACE OF

类型化的适应性改造——
典型非传统风貌村落的有
机更新。

浙江湖州
安吉县

ANJI COUNTY
HUZHOU
ZHEJIANG PROVINCE
2023 年

安吉余村是"绿水青山就是金山银山"理念诞生的政治高地。自 2005 年"两山"理念的提出，余村由工业转型发展田园农业、乡村文旅、政治研学等新产业，跻身为全国乡村振兴的样板典范。

2022 年，余村开拓性地提出了"全球合伙人"计划，旨在全球范围内寻访、联合全球各类创新创业人才、机构、企业等，与余村结成奋斗共同体。截至目前，已吸引不少来自文化创意、乡村旅游、影视传媒等多领域的意向企业和项目，开创了以"数字赋能、美丽加分"为主要特色的乡村新经济。2023 年全国两会期间，余村村党支部书记分享了深入实施乡村振兴战略，创新开展"全球合伙人"计划，持续拓宽"绿水青山"向"金山银山"转化的余村经验。

作为具有"唯一性"的安吉余村，尚且存在中国现代乡村中的"普遍性"问题，包括产业承载力不足、空间体验单一、配套设施缺失、建筑风貌陈旧等。恰逢契机，我们赢得了余村中心村区块有机更新设计权，我受邀担任产业发展研究和风貌规划的总设计师。我们从产业转型和风貌变迁维度来看，希望提出具有普遍性和可推广性的策略，探索中国式乡村现代化道路中共同富裕、高质量发展的新模式和路径。

我相信未来的余村不仅是文化与商业多元发展的新型产业乡村，传统风貌与当代形象结合的新乡村美学典范，也是原乡人、回乡人、新乡人共同聚居生活的新时代乡村社区，为乡村振兴战略、共同富裕指导方针等引领下的中国未来乡村提供全新样本。

▲ "两山理念"发源地安吉余村

▲ "两山"理念引领中国经济社会绿色转型

▲ 安吉余村成为全国乡村振兴的样板典范

▲ 总平面图

0　　　　　150m

▲ 场地风貌

安吉余村的唯一性：
从"政治高地"到"国际最佳旅游乡村"

UNIQUENESS OF YU VILLAGE, ANJI COUNTY:
FROM "POLITICAL LANDMARK" TO "WORLD'S BEST
TOURISM VILLAGE"

2005年8月15日，时任浙江省委书记的习近平在浙江安吉县余村调研时，首次提出："绿水青山就是金山银山"的重要论述。作为"两山"理念的发源地，余村成为各地党政学习的基地，近年来考察学习人数快速增长。2020年，政务接待30万人次，带动了余村"红色党政"产业发展。在2021年12月，余村从75个国家共170个申请乡村中脱颖而出，成功入选首届联合国世界旅游组织最佳旅游乡村，成为全省唯一。

国务院黄牌警告太湖"重点行动"

1998年

2000年

建立生态立县的
绿色转型路径

2003年

1996年 省首批小康乡镇

1993年 湖州十强乡镇

关停矿山和水泥厂

1992年

撤乡建镇天荒坪抽水蓄能
电站，引进造纸、化工、
建材、印染等。企业GDP
飞增

1990年代

"两山"受创	恢复"两山"
第一阶段：1990—1997 工业领头羊	第二阶段：1997—2005 经济探底，倒逼绿色转型

"两山"理念写入党章
新时代浙江（安吉）县域践行"两山"理念

国家级生态乡镇"两山"理论　引领美丽
乡村建设

创建小城镇环境综合
整治省级标杆

2009 年

2019 年　　　**2021 年**

2007 年　　　　　　　　　　　**2016 年**　　**2017 年**

2008 年　　小型工业
园区模式　　　　　　　　　　**2020 年**

05 年

生态立县
工业强县
开放兴县

入选联合国首批
"世界最佳旅游乡村"名单

入选浙江省首批
低（零）碳村（社区）试点

转化两山　　　　　　　　　　　　　**示范两山**

第三阶段：2005—2019　　　　　　　第四阶段：2019—
多元探索：工业转型、乡村旅游、　　新时代，生态文明理念
生态发展

安吉余村的普遍性：
乡村建筑风貌限制产业转型

UNIVERSALITY OF YU VILLAGE, ANJI COUNTY:
RURAL ARCHITECTURAL STYLES LIMIT INDUSTRIAL
TRANSFORMATION

安吉余村是典型的浙北乡村，大多是农民自建房，对上位规划中的文旅产业、创意产业等新型产业的承载力极弱；街巷步行体验单一，同时缺少核心的公共性空间场所。在前期调研阶段，我们首先对浙北地区村落风貌变迁进行了系统性研究，并实地对余村180户民居进行风貌普查和类型学分析。通过归类取样，我们从中提取出了7种基本原型，有针对性地提出具有通用性的改造策略，为村民自发改建提供参考，从而实现自下而上的村落风貌焕新。

▲ 民居以双坡顶为主，多设有辅房

▲ 肌理整体呈现组团化

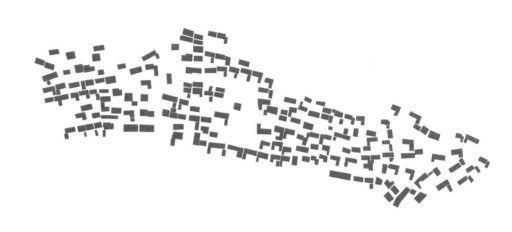

▲ 2009 年村落肌理

▲ 超过半数四坡顶、异型顶，庭院被挤压成狭长

▲ 肌理具有较强组团感

▲ 2023年村落肌理

▲ 2009年场地航拍

▲ 2023年场地航拍

村落建筑风貌变迁：
浙北地区农居不同时期特征

TRANSFORMATION OF VILLAGE ARCHITECTURAL STYLES: CHARACTERISTICS OF RURAL DWELLINGS IN NORTHERN ZHEJIANG ACROSS DIFFERENT PERIODS

▲ 传统农居风貌研究

第 1 代：传统农居（1960—1980）
GENERATION 1: TRADITIONAL RURAL DWELLINGS (1960-1980)

多为半木造的房子，俗称夯土房，一层居多，少数富裕人家为两层，院子较小，以应对浙北地区炎热、潮湿、多雨的气候特征，考虑到建筑既要采光，又要防热、遮阳，更要避雨，院落不能太大，结果呈现的是建筑密集化布置，建筑包围天井的肌理。

典型特征：

1. 1~2 层，夯土房。
2. 建筑材料：夯土 + 木。
3. 院子较小，建筑包围院落。

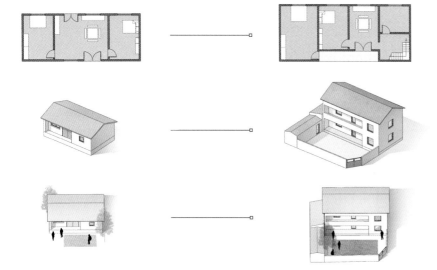

▲ 变化1：房间数量变多，尺度变宽裕；
　原因分析：村民生活水平提高，需求增加。

▲ 变化2：层数由一层变为二层，材料由夯土变为砖房；
　原因分析：建筑结构，材料技术进步。

▲ 变化3：院落变大，庭院铺水泥用于晾晒稻谷；
　原因分析：村民日常农业生产需求。

第 2 代：实心砖房（1980—2000）
GENERATION 2: SOLID BRICK HOUSES (1980-2000)

20世纪80年代初，国家对沿海地区的经济结构进行了调整，农村经济随之发展，农民的生活水平得到了实质性的提升。随之，砖、水泥、混凝土、玻璃、铝合金等新型建材开始广泛应用于农宅建设。在这一时期，"楼房"通常采用二层砖混结构，建筑多以线性布局为主，特点是大面宽、小进深，并且多数建筑设有辅房，用于储藏和生产。屋前的庭院多铺设水泥，以便于晾晒稻谷等农作物。

典型特征：

1. 2 层砖混房。
2. 建筑材料包括砖、水泥、混凝土、玻璃等。
3. 建筑布局为小面宽、大进深，并且多设有辅房。
4. 院子多铺设水泥，用于晾晒农作物。

▲ 砖房农居风貌研究

第 2.5 代：砖房变体 (1990—2010)
GENERATION 2.5: VARIANTS OF BRICK HOUSES (1990-2010)

随着农村经济条件的逐步提升，原本的二层砖房已逐渐无法满足村民的需求。因此，村民们基于原有住宅的基础进行了一系列的改建。例如，一些村民选择保留原窄长的二层砖混结构主体，并对外立面进行改造；另一些村民则拆除了原有的住宅，新建了小面宽、大进深的住宅，这些新住宅的立面设计虽然简朴，却带有"初期简体版欧陆风"的特点。

典型特征：

1. 部分住宅保持结构主体不变，仅对立面和室内进行改造更新。
2. 部分住宅被拆除，取而代之的是新建的简体版欧陆风格住宅。
3. 根据使用需求，庭院中大量加建了辅房。

▲ 砖房变体民居风貌研究

▲ 变化1：进深加大，面宽缩减，庭院面积减小
　 原因分析：争取更多的建筑面积。

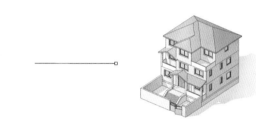

▲ 变化2：立面风格由白墙变为褐色石材，欧式线脚
　 原因分析：被时尚乡土文化被部分村民视为"落后"的代名词，乡建房开始大量模仿西方住宅。

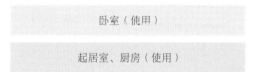

卧室（使用率低）

卧室（使用）

起居室、厨房（使用）

阁楼（闲置）

▲ 变化3：层数由二房变为三至四层，但是三四层的利用率低
　 原因分析：村里一度普遍存在"高大宽"的攀比现象。

第 3 代：欧陆风住宅 :(2000—2020)
GENERATION 3: CONTINENTAL-STYLE RESIDENCES (2000-2020)

在城市化进程的推动下，随着第二、三产业比重的增加，农村住宅开始出现模仿及攀比的趋势。三四层的农居逐渐增多，但其实际使用率并不高。建筑多采用集中式布局，面宽相对减小，进深相对加大，以增加建筑面积。许多建筑采用了"欧陆风格"，外墙装饰以面砖为主，女儿墙和楼顶装饰使用了琉璃瓦。建筑主体的非实用性扩张和建筑风格的盲目模仿，成为本阶段浙北农居的典型特征。

典型特征：

1. 3至4层，但三层以上的空间利用率不足。
2. 建筑材料包括面砖外墙装饰、琉璃瓦等。
3. 建筑布局以大面宽、小进深为主，集中式布局。
4. 建筑风格呈现出盲目模仿和攀比的趋势。

▲ 欧陆风民居风貌研究

周家-25	大坦-32	大坦-38	大坦-68	大坦-72	大坦-76	周家-9	周家-13	周家-17
大坦-90	大坦-82	周家-1	周家-21	周家-23	周家-27	大坦-38	大坦-46	大坦-92
周家-29	周家-31	周家-33	周家-35	大坦-22	大坦-26	无门牌	无门牌	周家-11
大坦-28	大坦-36	大坦-62	大坦-66	大坦-78	大坦-80	大坦-18	大坦-20	大坦-40
大坦-86	大坦-88	大坦-58	大坦-91	无门牌	周家-3	大坦-56	大坦-70	无门牌
叶家堂-无门牌	叶家堂-无门牌	周家-6	周家-10	周家-14	周家-20	周家-32	乔中-28	乔中-60
周家-30	周家-合伙人基地	叶家堂-1	叶家堂-3	叶家堂-18	叶家堂-无门牌	乔中-无门牌	乔中-无门牌	桥中-42
叶家堂-无门牌	周家-12	周家-16	周家-18	周家-28	周家-36	乔中-62	乔中-72	乔中-无门牌
叶家堂-6	叶家堂-7	叶家堂-10	叶家堂-11	叶家堂-12	叶家堂-13	桥中-18	桥中-32	桥中-36
叶家堂-15	叶家堂-16	叶家堂-17	叶家堂-22	叶家堂-服务中心	叶家堂-吴均汤包	乔中-70	桥中-无门牌	桥头-6

▲ 180栋民居风貌普查

周家-19	大坦-6	大坦-12	周家-40	周家-48	周家-无门牌	周家-无门牌	叶家堂-38	叶家堂-62
大坦-98	大坦-100	无门牌	叶家堂-无门牌	叶家堂-无门牌	叶家堂-无门牌	周家-42	周家-52	周家-58东
周家-15	周家-70	大坦-8	周家-58西	周家-62	周家-66	周家-老胡酒坊	周家-无门牌	叶家堂-8
大坦-42	大坦-48	大坦-50	叶家堂-28	叶家堂-36	叶家堂-42	叶家堂-46	叶家堂-48	叶家堂-52
无门牌	大坦-90	无门牌	叶家堂-58	叶家堂-72	叶家堂-73	叶家堂-无门牌	叶家堂-无门牌	周家-无门牌
乔中-62B	乔中-66	乔中-68	桥头-23	桥头-56	桥头-62	桥头-70	桥头-无门牌	桥中-22
乔中-32	乔中-38	乔中-38	桥中-26	叶家堂-56	叶家堂-68	叶家堂-70	银山-2-15	桥头-2、12
桥中-2、6	桥中-10	桥中-12	桥中-15	桥中-16	桥中-17	桥中-19	桥头-50	桥头-50B
乔中-无门牌	桥中-无门牌	桥中-无门牌	桥头-58	桥头-60	桥头-66	桥头-68	桥头-72	桥头-76
桥头-9	桥头-11	桥头-21	桥头-78	桥头-8	桥中-48	桥中-52	桥中-56	银山-1

现状问题
EXISTING PROBLEMS

建筑风貌混杂
MIXED ARCHITECTURAL STYLES

建筑风貌呈现多元化，大多数属于上文提及的第二、三代浙北农居，欧式、现代主义和乡土符号共存，建筑材料和手法多样，与浙江传统民居风格存在明显差异。

▲ 建筑风貌混杂

街巷空间体验单调、尺度单一
MONOTONOUS STREET AND ALLEY SPACES WITH UNIFORM SCALE

从整体布局来看，被院墙围合的院落空间呈现出均质化排列，并且都位于建筑的南面。院落的面积主要集中在100～200m²之间，变化不大，这可能是由于追求每户均等的自然演化结果。

▲ 街巷尺度单一

院落均质化、强方向性（朝南）
HOMOGENIZED COURTYARDS WITH STRONG ORIENTATION (SOUTH-FACING)

由于院落的朝向原因，在后巷游走时，以游客体验的标准衡量，大多路程始终一边是建筑背面一边是院落，空间模式单一，且街道尺度集中在3～5m，无主次街之分。

▲ 院落均质化

开放空间停留性不足，缺核心功能
INSUFFICIENT STAYABILITY IN OPEN SPACES, LACKING CORE FUNCTIONS

村内有多处开放绿地，面积500～2000m²不等，目前主要用于种植作物、植物或空置，缺少核心功能和公共活动空间，导致停留性不足。

▲ 开放空间缺核心功能

■ 类型甲 18 幢
■ 类型乙 19 幢
■ 类型丙 16 幢
■ 类型丁 13 幢
□ 类型戊 14 幢
■ 类型己 71 幢
■ 类型庚 10 幢

▲ 类型学研究归纳

▲ 类型甲: 建成年代普遍较早, 多为2.5开间, 立面材质以白、黄色涂料为主

▲ 类型乙: 类型甲变体, 多为3开间; 立面材质同类型甲, 院落面积较前者稍大

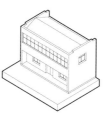

▲ 类型丙: 多为2.5-3开间; 对坡屋面从双坡、连续双坡到复合式均有出现, 立面出现较多装饰元素

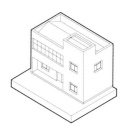

▲ 类型丁: 类型丙变体, 且更突出楼梯间形体, 楼梯间可上屋面连通屋顶露台

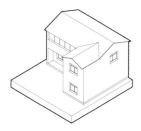

▲ 类型戊: 类型甲变体, 尾部房间首层功能有厨房、储藏等, 二层为卧室, 屋面均采用坡屋顶

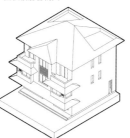

▲ 类型己: 建成年代稍晚, 数量最多, 单层进深大且面积大于其他类型; 立面材质种类多, 有涂料、面砖、石材等

▲ 类型庚: 建成年代相对最晚, 以框架结构为主, 立面材质以白色涂料为主

后巷文创街

BACK ALLEY CULTURAL CREATIVE STREET

针对村落整体规划和产业匹配，我们提出了开发后巷文创街的策略，在原有政治研学路线的基础上增加群众文旅活力路线，激活村落内部空间，实现内外多方面的互动。在经过对空间布局、道路系统、建筑风貌等的梳理后，我们采取了一系列措施，包括道路分级、建立慢行交通、业态功能分区、置入核心公共空间、完善基础设施和服务配套、景观整体规划等，奠定乡村自发秩序的空间基础。

▲ 总体风貌规划

西入口主广场

民宿生活花园

农田公园入

田公园 + 共享食堂

核心文创区

街心种植公园

街角入口花园

东入口主广场

后巷小支路

街巷尺度——3-5m 绿化厚度——5-10m

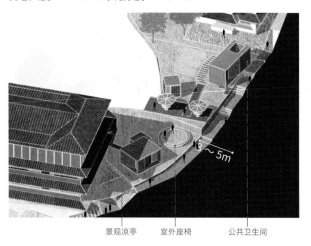

景观凉亭　　室外座椅　　公共卫生间

在后巷街道的设计中，我们针对关键空间节点进行了断面研究和尺度推敲，以适应不同活动需求。我们将街道空间划分为小尺度、一般尺度和大尺度：小尺度区域（3～5米）主要服务于邻里交流和短暂停留，配备景观凉亭和室外座椅；一般尺度（5～10米）应用于主街和大支路，支持日常闲时聚集活动并设有商业外摆、充电站等设施；大尺度的街心广场则超过10米宽，形成平坦的广场空间，适合人流量大的活动场景，如赶集、节日庆典及游客集散等。

后巷大支路

街巷尺度——5-10m 绿化厚度——2-5m

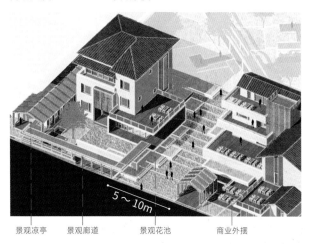

景观凉亭　　景观廊道　　景观花池　　商业外摆

后巷主街

街巷尺度——6-12m 绿化厚度——2-5m

光伏自行车充电站　　　　光伏休憩凉亭

▲ 后巷街道空间尺度分析

小型街心广场——休憩、小型集会

尺度——50-100㎡

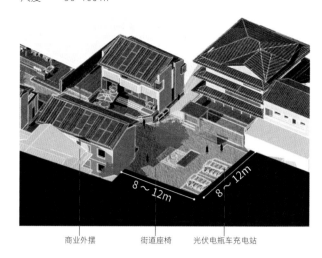

商业外摆　　　　街道座椅　　　　光伏电瓶车充电站

中型街心广场——日常集中活动

尺度——100-200㎡

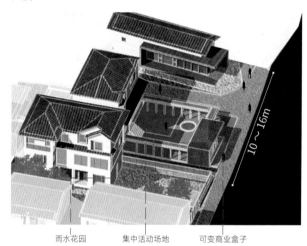

雨水花园　　　　集中活动场地　　　　可变商业盒子

大型街心广场——大型展演活动

尺度——200-400㎡

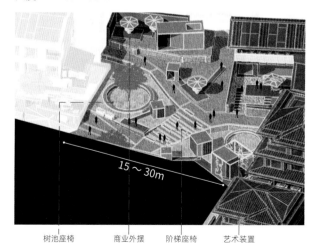

树池座椅　　　　商业外摆　　　　阶梯座椅　　　　艺术装置

▲ 改造后组团中心广场

▲ 改造后街巷空间

四个典型案例改造
FOUR TYPICAL RENOVATION CASES

针对单体改建的可实施性，我们在后巷选取四幢典型建筑进行实地改造，分别是叶家堂28号、26号、8号、5号。通过总结归纳各类型房屋的基本特征，针对立面构成、材料选择、构件组分、业态匹配等提出适应性改造策略。在尊重建筑原始个性的前提下，融入江南传统美学，运用低碳乡土材料，将单纯居住功能的传统民居向复合使用场景转换，以适应新经济条件下城乡背景变化的新需求。目前，叶家堂28号（文益社）、叶家堂5号（吴均汤包）已完成改造，并投入使用。

▲ 改造后后巷街景

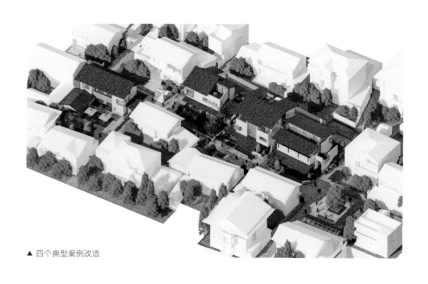

▲ 四个典型案例改造

▲ 改造后后巷街景

典型单体：类型甲（文益社）
TYPICAL UNIT: TYPE A (WENYISHE)

文益社的叶家堂28号，坐落于后巷重点改造路段的东侧，是一栋建于20世纪80—90年代的建筑。这栋二层砖混结构的建筑，拥有三开间的布局和外走廊设计。屋顶呈现对坡形态，楼梯位于高处，与屋面相连。建筑的外立面涂有黄色仿石材涂料，但铝塑玻璃窗显得破旧。前院地面经过水泥硬化处理，但整体风貌并不理想。

改造设计保留原有的砖混空间结构和双坡屋顶的建筑形式，打通了首层室内空间与户外院落空间，并置入庭院阳台和檐下空间，丰富空间层次。材料沿用小青瓦，增设了毛石墙、竹木墙板和门窗套、落地玻璃窗等，精细化处理节点构造。

▲ 叶家堂28号改造前

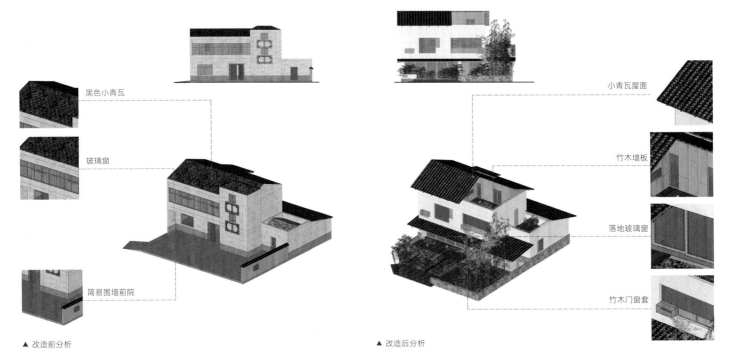

黑色小青瓦

玻璃窗

简易围墙前院

▲ 改造前分析

小青瓦屋面

竹木墙板

落地玻璃窗

竹木门窗套

▲ 改造后分析

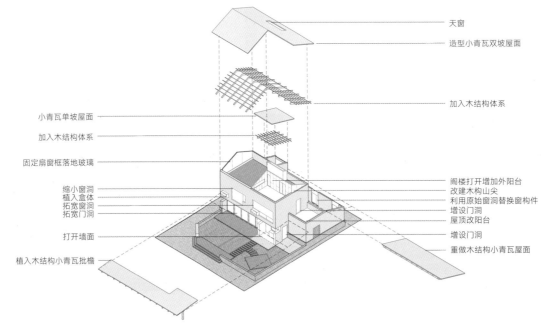

天窗

造型小青瓦双坡屋面

加入木结构体系

小青瓦单坡屋面

加入木结构体系

固定扇窗框落地玻璃

缩小窗洞
植入盒体
拓宽窗洞
拓宽门洞

打开墙面

植入木结构小青瓦批檐

阁楼打开增加外阳台
改建木构山尖
利用原始窗洞替换窗构件
增设门洞
屋顶改阳台

增设门洞

重做木结构小青瓦屋面

▲ 文益社爆炸图

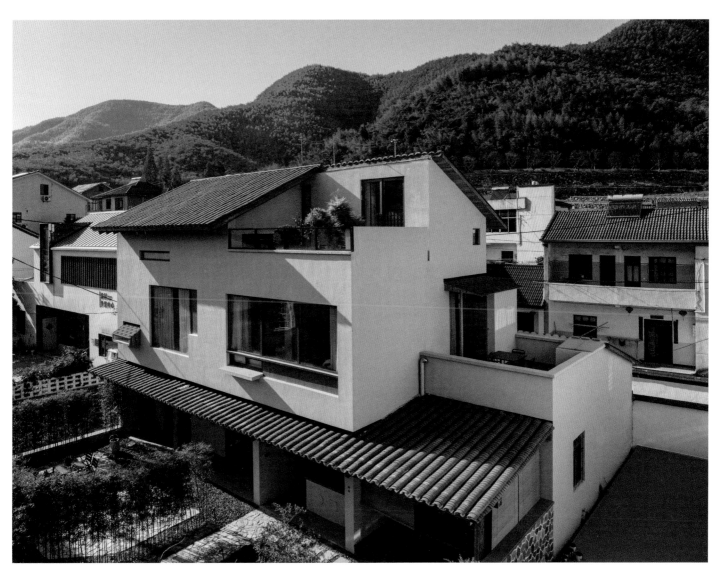

▲ 改造后鸟瞰

▲ 改造后立面

▲ 改造后的院落景观

▲ 增加室内与院落的互动

▲ 改造后的街景

▲ 立面细节

典型单体：类型乙（吴均汤包）

TYPICAL UNIT: TYPE B (WUJUN SOUP DUMPLINGS)

叶家堂 5 号位于后巷重点改造路段东侧，建于 20 世纪 80—90 年代，是一座二层砖混结构，拥有四开间及带外走廊的一层配房，屋顶为对坡设计，立面涂有黄色涂料并装有铝塑绿色玻璃窗，前院地面经过水泥硬化处理，但整体风貌已显陈旧。

改造设计将原有的辅助用房调整为汤包店的堂食餐厅，植入门窗吧台体系。主体建筑在一楼临街面植入门窗档口体系，二层植入盒体和阳台，拐角处打开增加外阳台，屋面设置高窗为室内增加采光通风。

▲ 叶家堂 5 号改造前

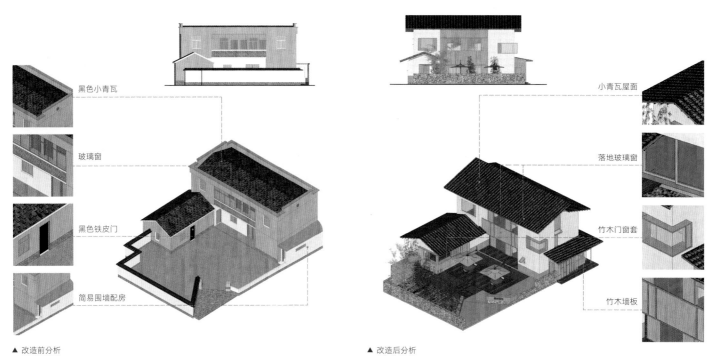

黑色小青瓦

玻璃窗

黑色铁皮门

简易围墙配房

▲ 改造前分析

小青瓦屋面

落地玻璃窗

竹木门窗套

竹木墙板

▲ 改造后分析

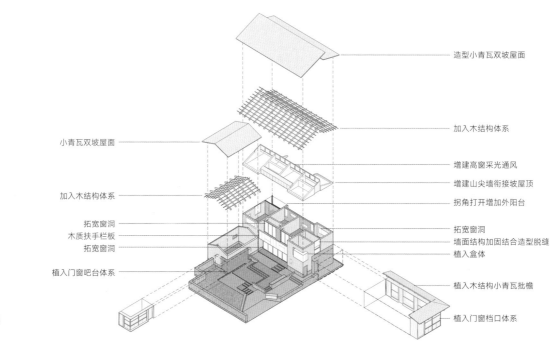

小青瓦双坡屋面

加入木结构体系

拓宽窗洞
木质扶手栏板
拓宽窗洞

植入门窗吧台体系

造型小青瓦双坡屋面

加入木结构体系

增建高窗采光通风

增建山尖墙衔接坡屋顶

拐角打开增加外阳台

拓宽窗洞

墙面结构加固结合造型脱缝

植入盒体

植入木结构小青瓦批檐

植入门窗档口体系

▲吴均汤包爆炸图

▲ 改造后立面

▲ 改造后街景

▲ 对街道形成展示窗口

▲ 大面积玻璃引入街景和自然光

▲ 立面细节

▲ 二层檐下阳台空间

文益社与吴均汤包均为余村"全球合伙人计划"孵化而来的项目。吴均汤包由安吉小吃协会会长开设，除了呈现安吉的特色美食外，是展示和传承非遗小吃文化的平台；而文益社则是青年新村民在余村的家，专为一群共谋公益与乡村振兴发展的青年人提供交流与合作空间。

自2022年7月启动以来，"全球合伙人计划"吸引了浙江大学、新浪微博、迷笛音乐、数字游民公社等品牌企业签约入驻，并成功举办了迷笛音乐节、余村全球发展学院等重要活动。2024年两会期间，安吉余村党支部书记汪玉成在采访中提到，"全球合伙人计划"唤起了城市青年返乡创业就业的热情，而青年的到来为余村带来了人气、流量与商业机会，也让村民通过租金、薪金、股金等方式获得多方收益。汪书记还提到，余村的下一阶段发展将聚焦全域乡村运营，在保留余村特有风貌的同时，提升现代化建设水平，为青年人创造更好的发展条件。这也与我们的规划愿景不谋而合。我们始终认为，乡村现代化绝不是大拆大建，也不仅仅是静态的建筑风貌保护，而应尊重乡村发展的多样性和混合性状态，进而建立城乡双向流动、融合发展的机制。

从"政治高地"到"联合国最佳旅游乡村"，再到"浙江省首批未来乡村""浙江省共同富裕现代化基本单元试点"，余村如今又成为"青年人才的聚集地"。越来越多的青年人返乡建设家园，更多的乡村合伙人也纷纷加入余村的振兴事业。以其独特的发展路径，余村再次成为具有示范性和典型意义的中国理想乡村，吸引了国内外广泛关注。我们非常荣幸能够参与其中，并为余村的共同发展贡献力量。

叠合记忆·古城焕

LAYERED MEMORIES OLD TOWN

象山石浦渔港古城活化更新

RENEWAL OF XIANGSHAN SHIPU FISHING

6

新
RENEWAL OF THE

ORT OLD TOWN

遗产保护更新与新业态植入并行，实现历史渔港古城的活化。

浙江宁波
象山县

XIANGSHAN COUNTY,
NINGBO
ZHEJIANG PROVINCE
2022 至今

在地理环境决定论看来，人们的生活习惯及文化、制度等都由他们由所处的地理环境特点所决定，或至少密切相关。石浦渔港古城孕育于山海之间，独特的地理特征，使它在强大的内陆文化基因影响之外，又别具海洋性文化个性。自唐朝形成村落以来，在过去的近千年时光之中，历经或缓慢、或激烈的塑形与变迁，石浦渔港古城沉淀了太多不同时代的历史印记。在此历史过程中，既有自上而下的行政规划，又有民间长周期的自组织生长，在来自各方各面的合力之下，最终形成了具有时代多样性的城镇风貌。现在，由于政府的推动以及建筑师的设计介入，古城再次迎来一个自我审视与进化的机会。

象山石浦渔港古城活化更新是我们继多个中国传统村落保护利用、世界文化遗产改造更新之后，对历史文化名镇有机保护更新的又一探索。

作为中国历史文化名镇中唯一的渔港型古城，石浦古城地处浙东北纬30°海岸线之上，三面被山丘环抱，地形如同一个口袋，只有东侧朝向海洋打开。这样的地理特征赋予了古城强大的防御性，同时也使其成为一个典型的滨海城镇日常生活空间。古城的民居建造遵循地形，依山向海，沿山而筑，自然形成的低层高密度街区，可以包容日常生活的各种复杂形态，这是自上而下的规划所无法达到的。但是另一方面，古城老建筑缺乏维护，基础设施长期得不到提升，又使其难以满足当代生活的新需求。

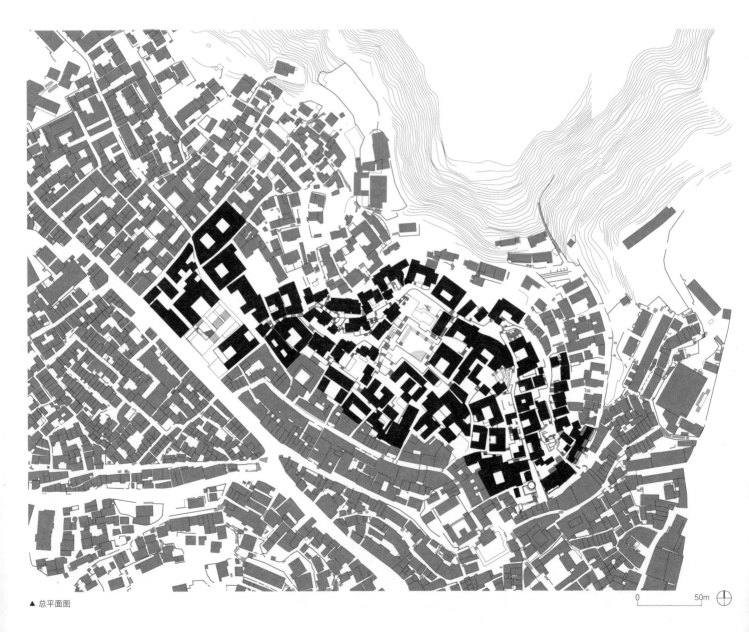

▲ 总平面图

0   50m

▲ 改造前

基于对古城建筑风貌多样性的研究，我们制定了整体性保护规划，对传统街区进行空间结构与环境整治，再从类型学的角度对现存建筑基于建筑性质、节点位置进行分类保护与性能提升，以保留古城各个时间阶段的建筑群体风貌，使历史街区有机生长的时间历程可阅读。我们试图从社会文化、产业经济和空间环境三个方面对历史文化遗存进行多样性、活态化的更新保护，力图为全国同类型保护更新案例做出示范性探索。象山石浦古城是一个不断生长的有机生命体，不仅有辉煌的过去，也应该有焕新的今天与未来。它应该叠合每个时代的印记，可以被阅读，值得被体验，成就一幅北纬30°最美海岸线上的"万象山海图"。

▲ 象山石浦北纬30°最美海岸线（图源网络）

▲ 象山石浦"开渔节"

历史悠久的
渔港古城
THE HISTORIC FISHING
PORT OLD TOWN

石浦历史沿革
THE EVOLUTION OF SHIPU

石浦位置得天独厚,扼浙东各渔场中心,素称"浙洋中路重镇"。唐时成村落,宋时成渔港,明时筑卫所,成为抗倭重镇,是集军事、渔业、商业为一体的港口城市。历经明清海禁后,渔业、商业复兴,近代商业异常活跃。抗战后,石浦成中转港,商业繁荣,店铺林立,被誉为"小香港"。

通过对照不同阶段的历史地图,我们发现整个古城的发展可以按照时间大致分为20世纪80年代前与80年代后。80年代以前场地中有大量明清时期的建筑,建筑肌理以传统的合院建筑为主,传统风貌突出。其后,随着社会经济的发展与人口的增加,出现了两片相对集中的新建建筑群落,分别位于场地中心地势较陡的地方及东侧靠近城墙的位置。这些建筑大多建设在原有空地上,并非以破坏传统的老城格局为代价,同样是古城历史的一部分,体现了古城的丰富性与多样性。

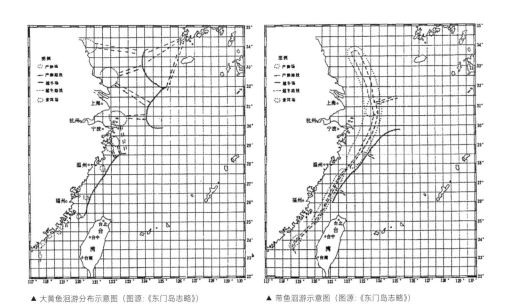

▲ 大黄鱼洄游分布示意图 (图源:《东门岛志略》)　　▲ 带鱼洄游示意图 (图源:《东门岛志略》)

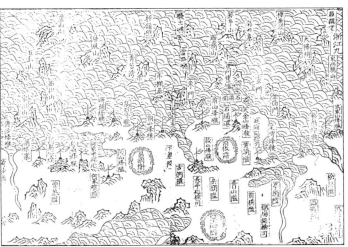

▲ 明·郑若曾《筹海图编·舆地图》

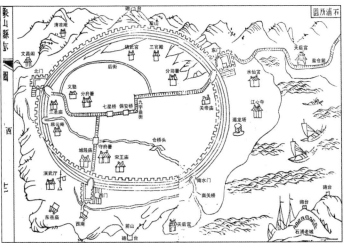

▲ 清·道光《象山县志》中的石浦所城

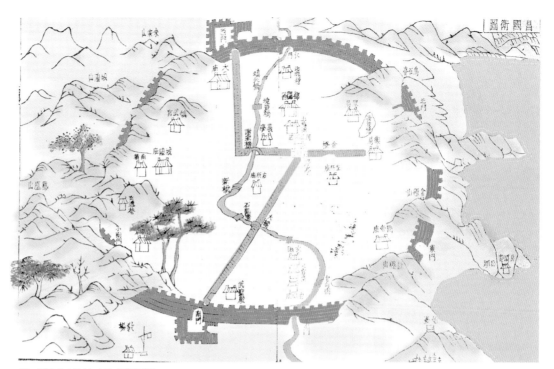

▲ 清·《道光象山县志》中的"昌国卫图"

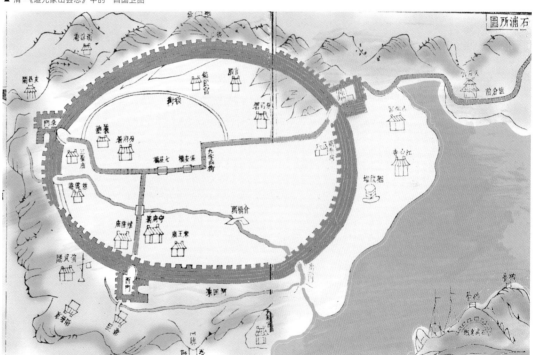

▲ 清·《道光象山县志》中的"石浦所图"

▲ 1970年航拍图（图源：USGS，United States Geological Survey，美国地质勘探局）

▲ 2000年航拍图（图源：天地图·浙江）

▲ 2008 年航拍图（图源：Google Earth）

▲ 2021 年航拍图（图源：Google Earth）

上位规划
解读
UPPER-LEVEL PLANNING INTERPRETATION

概念设计依据《象山县石浦历史文化名镇保护规划（2023—2035）》要求，结合细致的现场调研，从街巷结构、街巷节点、建筑年代、建筑风貌、建筑细部等方面进行现状研究与分析。现状建筑风貌与质量经全面评估后，保护与整治更新模式分为保护、修缮、改善、保留、整治改造和拆除这六类。

目前古城开放运营的游览路线只有从海峡广场到中街的单一路径，完全无法展示石浦古城依山就势的山地城池特色。场地内现状房屋密集、开放空间极度缺乏，相当数量具有安全隐患的违章建筑及部分大体量、高楼层的公共建筑堵塞巷道，破坏了古城的整体风貌。在前期研究的基础上，我们提出了石浦渔港古城的整体规划：通过路径环通、巷弄疏通与节点置入的更新策略，丰富与完善古城的公共空间系统；通过对古城肌理变迁的研究，提出建筑肌理的有机更新策略；针对不同风貌建筑提出修缮、改造策略，以及针对重点公共空间的打造。

▲ 改造后

▲ 设计范围

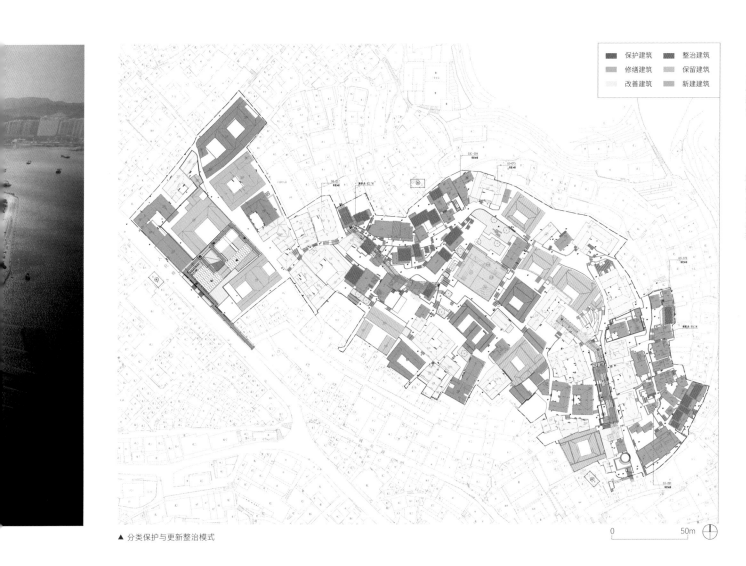

■ 保护建筑 ▨ 整治建筑
▨ 修缮建筑 ▨ 保留建筑
□ 改善建筑 ■ 新建建筑

▲ 分类保护与更新整治模式

0   50m

保护建筑
修缮建筑
改善建筑
保留建筑
整治改造建筑
拆除建筑

塑造古城
公共空间

SHAPING THE PUBLIC SPACE OF THE OLD TOWN

我们在场地的东入口、中心区域、西入口打造了三个广场空间，完型塑造古城公共空间体系。其中，东入口广场位于海与城之间，具有鲜明的海防文化特色，我们将以此为主题展开设计；中心广场将作为古城的活力中心，承载主要的民俗活动；西入口广场面对城市道路，有多处形制完整、保存较好的传统风貌建筑，将作为历史记忆的展示界面。

▲ 中心广场的区位示意

突兀风格统一

风格统一

风格统一

突兀风格统一

▲ 改造后立面拼贴

地域特色
保留

风格统一
改造

风格突兀
更新

风格统一
改造

▲ 中心广场西侧80年代建筑街巷断面

▲ 中心广场改造前

酒店大堂

密林公园

风貌展廊

历史街巷

中心广场

大树剧场

商业节点

▲ 中心广场改造后轴测

▲ 东入口广场

▲ 东入口广场的区位示意

▲ 海防博物馆

历史街巷
更新策略：
谢家支弄

RENOVATION STRATEGY
FOR HISTORICAL STREETS:
XIEJIA BRANCH ALLEY

街道特点
STREET CHARACTERISTICS

谢家支弄为石浦古城中典型的巷弄空间，两侧建筑年代差距大，风格多样，建筑也经过多年代的使用与改造中显现出很强的"混搭感"。

现存问题
EXISTING PROBLEMS

沿街界面过于封闭，不利于商业活动开展；现有建筑经多次改造加建，风貌不佳。

改造策略
RENOVATION STRATEGY

在原有建筑特色的基础上，对立面进行改造，对一些特色传统元素进行保留，同时也引入一些现代的建筑手法，形成丰富开放的商业界面。

▲ 改造前

▲ 改造后

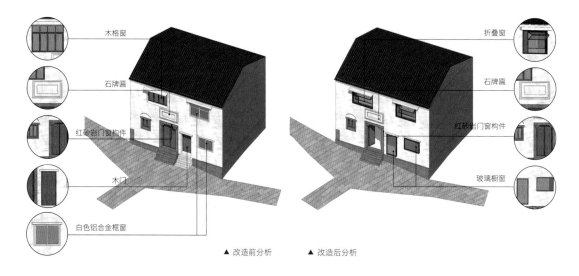

▲ 改造前分析　　　▲ 改造后分析

历史街巷
更新策略：
后山路

RENOVATION STRATEGY
FOR HISTORICAL STREETS:
HOUSHAN ROAD

街道特点
STREET CHARACTERISTICS

后山路作为石浦古城的典型街道，具有独特的当地气质。不同于一般的江南街道，石浦的建筑考虑到台风等恶劣气候的影响普遍低矮，外立面也相对封闭。建筑中常用质地更为密实的卵石、花岗岩石块在墙基或墙裙位置垒砌出防潮层。

现存问题
EXISTING PROBLEMS

沿街界面过于封闭，不利于商业活动开展。

改造策略
RENOVATION STRATEGY

沿街立面扩大门窗面积，并利用折叠推拉窗等增强与街道的互动；立面通过增设金属窗套、镂空砖墙和格栅窗扇等元素，提升整体的细节质感。

▲ 改造前

▲ 改造后

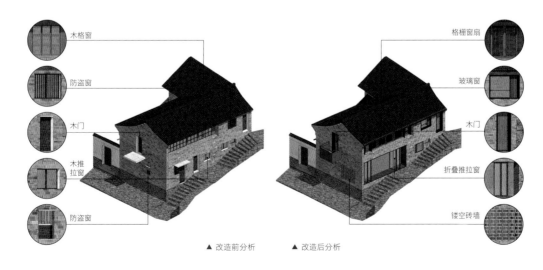

▲ 改造前分析   ▲ 改造后分析

80年代
片区更新
RENEWAL OF THE BUILDINGS IN 1980S

80年代风貌区主要包含两片相对集中的多层民居群落,是石浦古城历史发展过程中的重要组成部分(20世纪80年代至今),虽然不是文保,但也具有特殊的时代价值和历史意义。该区域以2~3层平屋面的建筑为主,建筑多处于坡地上,悬挑的阳台成为其最突出的群体外观特征。

该区域的建筑主要以整治改造为主,分为6个组团进行设计。对于具有突出形态特征与时代印记的建筑,重点进行修缮,保护其地方特色和历史价值细节。

对于不具有突出特色或质量较差的建筑,优化建筑的空间与形态,引入现代立面手法,并利用露台、阳台等建筑形式打造多处观景空间,形成富有商业活力、与景观相互呼应的建筑群落。

此外,我们还通过将这些建筑与小尺度的公共空间节点、街巷、广场等有机串联起来,有效解决了古城原本缺乏开放空间、游览体验不足的问题,并增加了场景的丰富度与体验感。

▲ 场地现状

▲ 80年代风貌区——细部

▲ 拆除及转变风貌建筑示意

■ 拆除建筑　■ 转变为传统风貌建筑

阳台栏板样式 R-01

阳台栏板样式 R-02

阳台栏板样式 R-03

阳台栏板样式 R-04

阳台栏板样式 R-05

阳台栏板样式 R-06

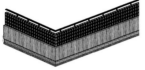

阳台栏板样式 R-07

阳台栏板样式 R-08

阳台栏板样式 R-09

阳台栏板样式 R-10

阳台栏板样式 R-11

阳台栏板样式 R-12

阳台栏板样式 R-13

阳台栏板样式 R-14

阳台栏板样式 R-15

阳台栏板样式 R-16

阳台栏板样式 R-17

阳台栏板样式 R-18

针对 80 年代的建筑的特点，设计首先对建筑栏板样式及各种材质立面做法进行梳理，并建立材质索引。

砖面做法

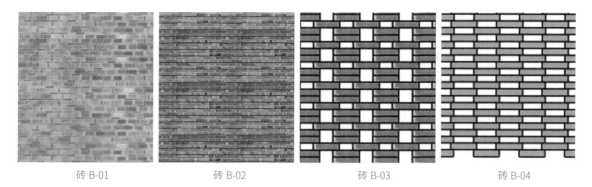

砖 B-01 砖 B-02 砖 B-03 砖 B-04

混凝土砌块

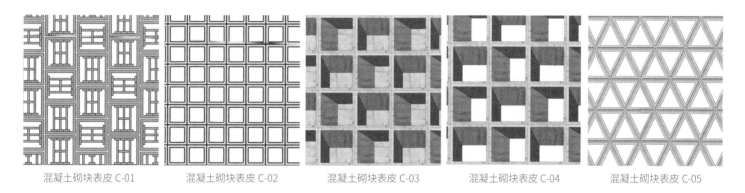

混凝土砌块表皮 C-01 混凝土砌块表皮 C-02 混凝土砌块表皮 C-03 混凝土砌块表皮 C-04 混凝土砌块表皮 C-05

艺术涂料

艺术涂料 P-01 艺术涂料 P-02 艺术涂料 P-03 艺术涂料 P-04 艺术涂料 P-05

艺术涂料 P-06 艺术涂料 P-07 艺术涂料 P-08 艺术涂料 P-09

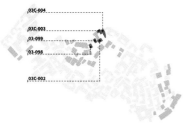

▲ 改造前

▲ 改造后

保规建筑类别	03C-001,03C-003,03C-004,03-100	
	c 拆除（新建）	
建筑分类	a 传统风貌建筑	
	b 80 年代建筑	√
建筑面积	原始建筑面积	537.99 ㎡
	整治后建筑面积	622.95 ㎡
建筑拆改分类	b 原拆原建	建筑鉴定为危房或者已经破损，而且建筑物无单体保留的价值
建筑结构形式	a 钢筋混凝土结构	√
	b 传统木结构	
	c 现代钢木结构	
	d 其他结构	
主要的材料构造做法	特殊的涂料做法	P-02,P-03,P-04,P-06
	特殊的混凝土砌块表皮	无
	特殊的栏板造型	R-01,R-02,R-03
	特殊的其他构造	无

保规建筑类别	03C-002	
	c 拆除（新建）	
建筑分类	a 传统风貌建筑	
	b 80 年代建筑	√
建筑面积	原始建筑面积	118.86 ㎡
	整治后建筑面积	96.31 ㎡
建筑拆改分类	b 原拆原建	建筑鉴定为危房或者已经破损，而且建筑物无单体保留的价值
建筑结构形式	a 钢筋混凝土结构	√
	b 传统木结构	
	c 现代钢木结构	
	d 其他结构	
主要的材料构造做法	特殊的涂料做法	P-04,P-06
	特殊的混凝土砌块表皮	无
	特殊的栏板造型	R-04
	特殊的其他构造	无

石材 S-01　艺术涂料 P-02

艺术涂料 P-03　艺术涂料 P-04

屋面做法

平板瓦 T-02

墙面做法

艺术涂料 P-02
艺术涂料 P-03
艺术涂料 P-04
水刷石 S-02
石材 S-01

门窗系统

LOW-E 玻璃门窗
木材饰板 W-02

阳台栏板

阳台栏板样式 R-04
阳台栏板样式 R-03
阳台栏板样式 R-01
阳台栏板样式 R-02

03C-001
03C-003
03C-004
03-100
03C-002

▲ 改造分析

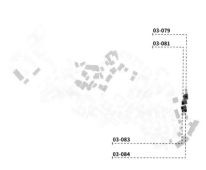

▲ 改造前

▲ 改造后

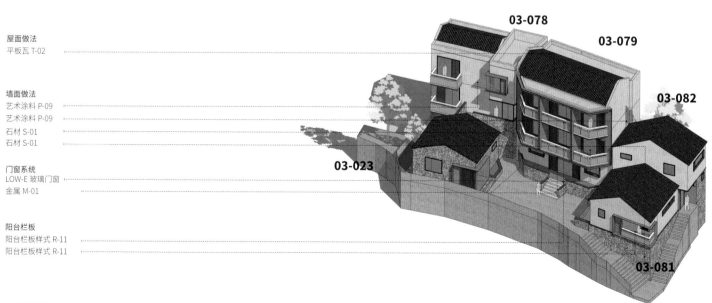

屋面做法
平板瓦 T-02

墙面做法
艺术涂料 P-09
艺术涂料 P-09
石材 S-01
石材 S-01

门窗系统
LOW-E 玻璃门窗
金属 M-01

阳台栏板
阳台栏板样式 R-11
阳台栏板样式 R-11

▲ 改造分析

▲ 80年代风貌区改造示例——吉城路

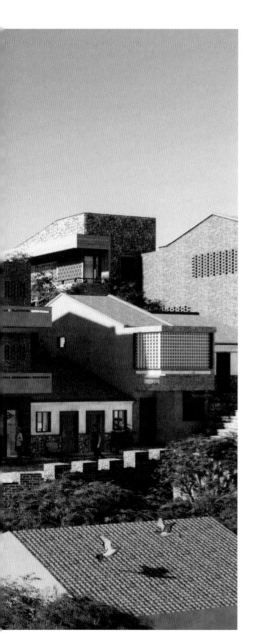

▲ 80年代风貌区改造示例 —— 后山路

尺度相宜
肌理互融

SCALE APPROPRIATENESS AND
TEXTURE INTEGRATION

为了补充古城的度假设施，景区引入了凯悦臻选酒店，作为新业态植入的关键一环。酒店选址于后山路与北侧半山腰的城市道路之间，场地沿东西向展开。根据不同的地形特征和建筑风貌，我们对东、西、中三个区块分别采取差异化设计策略，充分融合山海景观、街巷肌理与酒店体量，绘就古城未来生活的新场景。

东区临近大海和古城墙，具备良好的建筑肌理和鲜明的历史特征。设计保留古城墙的原貌，对内部空间进行了加固和优化，使其在满足现代度假功能需求的同时保留历史风貌。西区位于80年代片区，设计保留了街巷肌理、尺度和材料，采用现代建构手法再现象山记忆，赋予空间新的活力。中区为坡地地形，高差较大，以新建建筑为主。设计利用高差进行地景化处理，将酒店公区巧妙地隐于其中，使其与周围环境和谐共存。

▲ 客房入口

▲ 酒店公区

▲ 酒店建筑外观

▲ 顺应地形的酒店布局

▲ 酒店公区内景

▲ 酒店公区

▲ 客房建筑外观

渔港古城的活化

REGENERATION OF THE FISHING PORT OLD TOWN

石浦渔港古城先行区修缮改造工程于 2023 年 11 月正式启动，预计将于 2025 年完工。改造设计在现有中街游览路线基础上，将向外围激活更多街巷，并按照"历史的真实性、风貌的完整性、生活的延续性"相统一的总体要求，布局"一街两区八巷三广场"新场景空间，包括户外剧场、集市餐厅、艺术聚落、博物馆、书店、观海步道等丰富的业态，进一步提升古城街巷空间活力。届时，将呈现一座集游、娱、食、购、宿于一体，古今交融、主客共享的古城，体现出"渔乡味、烟火气、年轻态"古渔镇特色的同时，也全面释放古城宜居、宜游、宜业的潜能。

▲ 石浦渔港古城特色活动

乡愁与城市梦

第十七届威尼斯建筑双年展军械库主题展展陈空间设计

RURAL NOSTALGIA AND URBAN DREAM
EXHIBITION SPACE DESIGN FOR THE ARSENALE THEMATIC EXHIBITION OF
THE 17TH VENICE ARCHITECTURE BIENNALE

意大利，威尼斯
VENICE, ITALY
2019.09-2021.04

第17届威尼斯建筑双年展的总策展人，麻省理工学院（MIT）建筑与规划学院院长Hashim Sarkis提出的展览主题——"我们如何共同生活（How Will We Live Together?）"，意在建立一种新的"空间契约"，在政治分歧与贫富差距日益加深的背景下，呼吁建筑师思考可以使我们从容地共同生活的空间。在受邀参展军械库主题展时，我们试图立足于中国本土的城乡环境和建筑语境来思考，并作出回应。

▲ 威尼斯 Arsenale 军械库

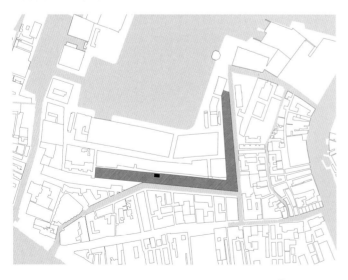

▲ 区位图

▲ 东梓关村复兴实践模型

我们如何
共同生活？

HOW WILL WE LIVE
TOGETHER?

作为建筑师，我们一直游走在城市和乡村的不同地理环境中，同时为城市人和乡村人进行着不同尺度、不同类型的建筑实践。期间发现，中国的城乡关系像是一座"围城"——城市人对垂直发展的城市密度感到厌倦，"回归乡村"成为其抚平心绪的一剂良药；乡村人则对城市的生活方式和消费、文化怀有猎奇心理，"进城"是一件时髦的事。两个群体间错位的诉求催生出的空间生产成为城乡作用的重要载体，并在一定程度上将单向流动的城乡联系转为双向融合。

"乡愁与城市梦"是我们在当代中国视野的现实场景与发展图景中的思考，也是在实践过程中对展览主题"共同生活"的真实观察——我们在为城市人治愈"乡愁"，为乡村人圆他们的"城市梦"。展陈通过三项实践作品——东梓关乡村复兴实践、松阳·飞蔦集、渔乡茶舍，从三个维度——新型社区构建、存量建筑再利用、公共空间营造，诠释"不同群体将如何生活在一起"的命题，以不同的空间形态、建筑功能、建造策略等展现出当代中国的城乡关系，也是由建筑空间生产所引发的对新型城乡混合体的模式探索。

同时突如其来的新冠肺炎流行，使得我们无法亲临现场，这对无论模型制作，还是现场布展都提出了非常大的挑战。基于这个背景条件，展览设计尽可能降低现场布展工作难度，提出较保险的方案保证长途运输和远程布撤展的可实施性。

展览位于威尼斯Arsenale军械库，无遮挡的百余平方米展览空间中，展陈设计运用建筑微缩模型、数字视频、平面图像等多种媒介，在斑驳的欧洲历史建筑中还原生动的当代中国城乡生活图景。

▲ 观展者自由走入街巷之中

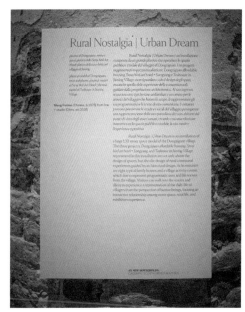

▲ 展览陈述

▲ 真实还原空间的使用状态及生活场景

▲ 观展者自由走入街巷之中

▲ 展览装置全景

▲ 松阳·飞蔦集模型

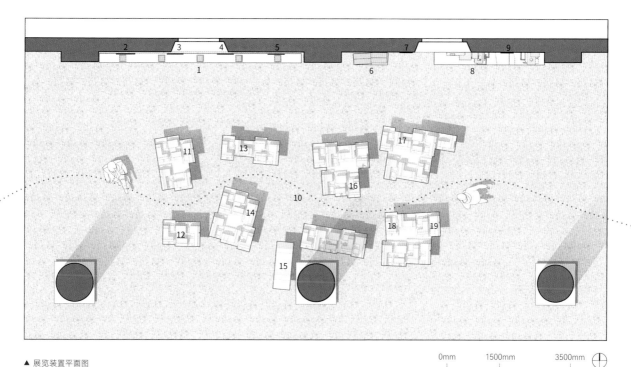

▲ 展览装置平面图

1 展架	8 渔乡茶舍模型	15 村民活动中心模型
2 江南传统民居老照片	9 渔乡茶舍视频	16 土灶之家模型
3 吴冠中画 - 江南	10 东梓关整体模型 1：30	17 栖迟民宿模型
4 东梓关建成照片	11 校长之家模型	18 植物之家模型
5 东梓关纪录片	12 古琴之家模型	19 茶室之家模型
6 飞蔦集模型	13 书法之家模型	
7 飞蔦集视频	14 种菜家庭模型	

▲ 展览局部立面图

1 展架	4 东梓关建成照片	7 飞蔦集视频
2 江南传统民居老照片	5 东梓关纪录片	8 渔乡茶舍模型
3 吴冠中画 - 江南	6 飞蔦集模型	9 渔乡茶舍视频

展陈组织
EXHIBITION DISPLAY
ORGANIZATION

1：30微缩模型完整再现46户居住单体的建筑形态，平面布局反映了村落的肌理，模型支撑柱的底面作为单元组团的投影，直观地表达出组团形态的多样性，呈现出有机的聚落总图关系。同时，我们在其中选取典型的8户家庭及村民活动中心，将其剖面打开，真实还原空间的使用状态及生活场景。

在组团模型的间距尺度上，我们在真实的街巷尺度和观展尺度间寻得适当的比例，观展者可以自由走入街巷之中，以人视点的角度真实地感受尺度关系，体验村民的日常生活，从而形成一种街道空间、本土生活和观展体验的互动关系。

连续的、不对称坡屋顶是东梓关民居的另一设计要点，是由江南民居的曲线屋顶提取、解析、抽象演绎而来的。在展览模型中，我们将屋面单独抽离出来悬浮在半空中，提供多角度的观察视角，也极大地丰富了展厅内的竖向空间层次。在展览流线的起点处，我们通过项目背景、设计表达、实景呈现、社会影响、东梓关营造记纪录片5个影像资料，展示东梓关村的全生命阶段。

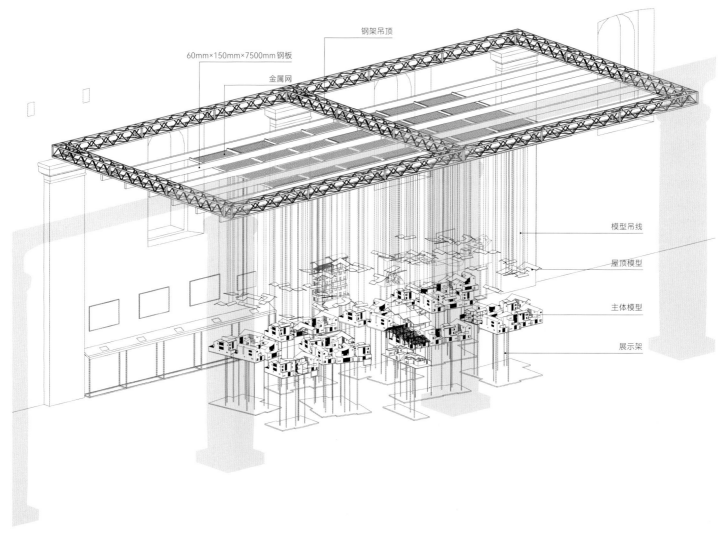

▲ 展陈空间轴测示意图

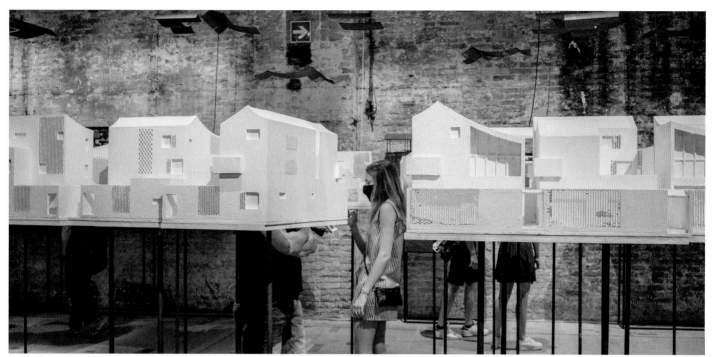

▲ 观展者可以自由走入街巷之中

▲ 以人视点的角度真实地感受尺度关系

▲ 展览装置全景

▲ 东梓关村民活动中心模型中的场景细节

▲ 东梓关村民活动中心模型

城乡融合的聚居形态
THE SETTLEMENT PATTERN OF URBAN-RURAL INTEGRATION

2018年至2021年，东梓关村因其田园牧歌般的乡村环境及生活品质的提升，不仅促使原住民回归，还吸引了青年创业者、艺术家等城市新兴人群的涌入，逐渐形成了多元人群混合聚居的乡村社区模式。因此，我们选取了8户典型家庭——古琴家庭、种菜家庭、土灶家庭、栖迟民宿、校长之家、书法家庭、植物家庭、茶室家庭，并通过微缩模型的方式还原了真实的生活场景，展现了这一新型社区中多样化的生活状态与聚集模式。

古琴家庭
GUQIN FAMILY

人口：1人；使用者身份：手工艺人
陕西传统手工艺人在政府扶持下租赁村内的一栋民宅，在此制作古琴、传播传统文化。

种菜家庭
VEGETABLE GARDENING FAMILY

人口：2人；使用者身份：留守老人
老人在自家园子里种满了蔬菜，过着最朴素的农村生活。

▲ 古琴家庭

▲ 种菜家庭

土灶家庭
CLAY OVEN FAMILY

人口：5人；使用者身份：农耕家庭
典型的小农经济家庭，在院子里做农活，在新家里用传统土灶做饭，延续以前的生活习惯。

栖迟民宿
QICHI HOMESTAY

人口：2人；业态：民宿
中年夫妇两人把自己家装修为"栖迟民宿"，并亲自经营。民宿是村子里的新业态，也是当地人自我经营创收的新形式。

▲ 土灶家庭

▲ 栖迟民宿

校长之家
PRINCIPAL'S HOME

人口：7人；使用者身份：本地知识分子
60岁的退休老校长的一家人居住在此，室内装修和布局都延续了传统的中式风格。

书法家庭
CALLIGRAPHY FAMILY

人口：1人；使用者身份：外来知识分子
从城里来的艺术家将民居改成了复合功能的空间，一层用于书画展览，常有知名画家来此展览，二、三层用于经营民宿。

▲ 校长之家

▲ 书法家庭

植物家庭
PLANT FAMILY

人口：3人；业态：民宿
本地民居经营民宿，院子里栽满了植物，室内装修是精致的城市样板房风格。

茶室家庭
TEA ROOM FAMILY

人口：2人；业态：茶室
文艺青年情侣搬离城市后来到东梓关，将民居改为茶室，为游客提供一处品茶歇脚的地方。

▲ 植物家庭

▲ 茶室家庭

1：30的民居街巷空间

8户典型家庭及村民活动中心

参观者可以走进街巷之中，以人视点的角度感受真实的尺度关系，体验村民的日常生活，形成一种街道空间、本土生活和观展体验的互动关系。

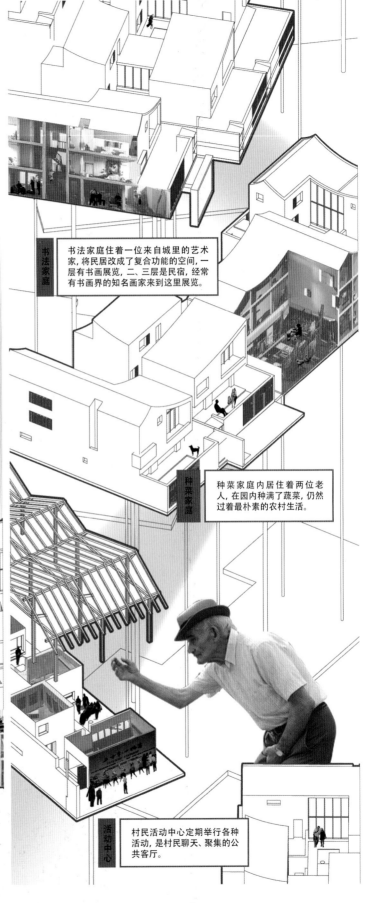

校长之家　堂屋家庭住着当地 60 岁的退休老校长一家 7 口人，采用了传统的中式装修风格。

古琴家庭　古琴家庭的住户是一位陕西传统手工艺人，在政府扶持下租赁村内一栋民宅，制作古琴，传播传统文化。

书法家庭　书法家庭住着一位来自城里的艺术家，将民居改成了复合功能的空间，一层有书画展览，二、三层是民宿，经常有书画界的知名画家来到这里展览。

种菜家庭　种菜家庭内居住着两位老人，在园内种满了蔬菜，仍然过着最朴素的农村生活。

活动中心　村民活动中心定期举行各种活动，是村民聊天、聚集的公共客厅。

土灶家庭有五口人，是典型小农经济家庭，在院子里做农活，在新家内重新搭起了传统的厨房器具——土灶，用来烹饪全家人可一起享用的传统美食。

土灶家庭

栖迟民宿则是一个当地人自我改造的新业态，东梓关当地的中年夫妇将自己住所改成民宿，是一种当地人自我经营创收的新形式。

栖迟民宿

茶室家庭的主人是一对文艺青年情侣，搬离城市，将民居改为茶室，供东梓关的来访者到这里品茶停歇。

茶室家庭

乡愁与城市梦
间的思考

THOUGHTS ON RURAL
NOSTALGIA AND
URBAN DREAM

从人口流动和空间集聚的角度来看，在城乡互动和融合发展的过程中，城市化离不开乡村人的融入，乡村建设也离不开城市人对乡村的向往。"乡愁"与"城市梦"不只是空间诉求和符号愿景，是城乡关系联动的群体表象，也是重构城乡关系的内核驱动。在人群需求和建筑设计的相互作用下，随之形成的是多功能混合的、多群体聚居的场所，而如何融合处理混居群体对共享空间、文化空间产生的新诉求，成为我们在空间生产中对城乡人群聚居新模式的持续性思考。

另一方面，相比城市，乡村是一个更复杂的生态体，普遍存在组织结构不完善等问题。而此时，建筑师的身份不再是一个被动的、单一的、单向的问题解决者，而是主动的、复合的、多向的组织引导者，完成以设计为驱动展开的空间赋能。这也是回应本次双年展"共同生活"主题我们所做的思考以及付诸的行动。

▲ 展览现场

▲ 东梓关回迁农居

世界正在从"硬世界"
向"软世界"发展
FROM "HARD WORLD"
TO "SOFT WORLD"

Q：2019年您收到第17届威尼斯建筑双年展军械库主题展的参展邀请，到2020年因全球新冠病毒流行爆发，展览整体延期至2021年。在这期间，您对"我们如何共同生活"这一主题的理解是否发生了变化？就您的观察，那两年对建筑界带来哪些影响？

孟凡浩：之前我们谈"共同生活"不会产生特别强烈的共鸣，算是一个老生常谈的话题。但是在那段时间里，"如何共同生活"，这一话题从抽象变得极具现实性和迫切性，成为对社会整体性焦虑的精准描述。当所有人被迫隔离于各自的物理空间内时，才突然意识到，曾经习以为常的共居生活是多么难能可贵。与此同时，从个体、家庭到社区、国家，乃至整个人类社会，我们更加深刻地体会到"人类命运共同体"的意味。那么，我们该怎么去突破边界，怎么共同面对并克服危机，让这个主题在当时变得极有意义。

对于建筑师而言，那段时间也带来了很多反思，尤其是在公共性和共享空间等层面。因为我们开始发现，通过电子屏幕连接的虚拟社群、开放共享的数字信息，开始发挥出不容小觑的重要作用。这促使我们重新思考，在信息化时代，共享性和公共性是否仅能通过物理空间体现，以及建筑师又该如何回应这些广泛需求。紧接着，全球新冠病毒流行也加速了人工智能、虚拟化和数字化等技术革命，使得建筑师面临的课题变得更复杂多元。

建筑学这门学科，过去一直以建造为核心，它建立在硬世界的基础上，强调物质性，强调永恒。但是现在，在统领世界的法则从"硬世界"向"软世界"转变的背景下，传统建筑学也面临很大的冲击和挑战。

访谈
INTERVIEW

Q：此次你们共有3个建筑项目赴威尼斯参展，作为主题展上唯一的"中国（大陆）方案"，它们分别从哪些层面回应总主题？

孟凡浩：这次我挑选了三个实践项目参展。第一个项目是我在gad期间以设计主创身份参与的杭州富阳东梓关回迁农居。它其实是一个新型乡村社区。这个社区不再是过去传统的乡村聚落，里面有很多混居的城市人群和相应的商业业态，包括民宿、茶室、艺术家工作室等。这个新型社区恰恰回应了双年展主题希望探讨的，也就是不同群体、不同背景的人如何在其中共同居住、生活的问题。

▲ 东梓关回迁农居

▲ 渔乡茶舍

第二个项目是为城市人来乡村度假服务的松阳·飞蔦集。我们将当地几栋已经破烂濒危的传统民居，通过设计改造和更新升级为一个小型的民宿度假设施，包括将屋子里已经腐烂的木结构换成轻钢结构，将内部的居住空间与外部的山野风景建立联系。第一次去现场看地时，我们和当地村民说，要把这两栋危房改造成客房，以后每晚能卖1000多元，当时村民听了都觉得我们是在开玩笑。因为他们知道，县城最高级的五星级酒店，客房每晚也就300块，这酒店在村民心目中像宫殿般存在，所以他得知他家这个破房子可以卖1000元每晚的时候，觉得不可思议。现在事实证明，我们不仅做到了，还比原先预估的价格多了一倍，这是村民以前不可想象的，也是通过设计将乡村存量空间激活并产生了价值。

第三个项目是在建德九姓渔村的一个城乡共居的聚落，渔乡茶舍，一个全混凝土的房子，是其中的一个公共空间。我们希望它既可以承载未来在文旅发展层面上的功能，村民们闲暇时也能来这里喝茶、交谈、看风景，给这片聚落提供一个可供不同人群共同生活的共享空间。

这三个项目，一个是新型社区的构建，一个是存量建筑的改造再利用，一个是新型乡村公共空间营造，以三个不同的角度展现了我们在不同乡村环境中的策略和态度。我们希望通过空间设计，体现它的社会性和包容性，激发和强化社群关系，打破城乡"围城"，最终能真正影响和改善村民以及城市群体的生活状态。

目前，中国乡村的建设实践和改造仍处于摸索阶段
RURAL CONSTRUCTION AND DEVELOPMENT IN CHINA IS STILL IN AN EXPLORATORY PHASE

Q：政府有保护当地传统村落和文物遗产的需求，居民有现代性的空间要求，还有资本，以及作为建筑师的设计表达，你如何把握其中的平衡？

孟凡浩：这其实是一个挺有意思的问题。现在，有的建筑师为了回避在城市盖房子的一些限制与束缚，而选择逃离到机制非健全的乡村做纯粹自我表达的实践。但其实相比城市，乡村是一个更复杂的生态系统，势必会对建筑师提出更严苛的要求。政府、原住民、投资方等，大家的想法都不一样，需要建筑师从中综合协调各方的利益，经过整合，相互借力，促使大家共同朝一个目标前进。

Q：以杭州富阳东梓关回迁农居为例，从传统民居到具有地域性符号的建筑，在这一转化的过程中，你遭遇的最棘手的问题是什么？

孟凡浩：很大的难点，在于如何与村民们沟通，改变他们过去的观念。这个项目是政府委托我们建造的，最开始村民们是不理解的，认为给他们增加了额外的成本。

▲ 与村民合影

我作为一个城市建筑师，真正进入乡村之后，我自己的观念也受到很大冲击。建筑师对传统民居都有一种情怀，但是村民们不这么想，他们一心想逃离那些房子。在村民们看来，欧式罗马柱才是财富的象征，在跟他们交流的时候，向他们传达我们的设计理念是非常难的。

▲ 村民在村民活动中心的合影

城乡共生融合：
探索超越城乡的新型聚集状态
URBAN-RURAL SYMBIOSIS AND
INTEGRATION: EXPLORING NEW TYPES
OF AGGREGATION BEYOND URBAN
AND RURAL BOUNDARIES

在经历过这个项目后，我觉得，建筑师在介入乡建的过程中，一定要克制自己特别个人化的自我表达，不能将自己先验性的思维强加在他们身上，要说村民听得懂的话，将更多的话语权让给村民。"授人以鱼，不如授人以渔"，建筑师更多的是以一个专业和职业的身份，去辅助真正的使用者，完成一种由下而上和由上至下的双向互动、协调和平衡。

Q：你将杭州富阳东梓关回迁农居看作是一种超越城乡的新型聚居状态。这种"新"体现在哪里？有哪些公共设施、公共空间层面的考量，可以包容和调和不同人群的生活差异？

孟凡浩：此次参加双年展，我提出的核心理念就是城乡的共生融合，尝试打破农村-城市二元对立的传统认识和思维定式。

而回迁农居本身就是时代的产物，它是城市化进程中对乡村形态的重新定位。它本身并不是那种缓慢发展起来的传统有机村落，村民们的生活方式和居住形态都发生了变化。我们一面要满足他们基本的生活需求，同时为了乡村长远的可持续发展，更需要产业的更新植入。这种"新"是帮助原住民进行"自我更新"，也为城市人在这里提供全新的生活体验。公共设施和公共空间的创造是随着设计的推进产生的，我们在东梓关村建造了村民活动中心，相较于当代大多数村民活动中心因长期封闭而失去活力的使用状态，我们以小尺度空间单元、流动的空间体系、本土化的材料语言和自发性的建造手段，为村子里的不同群体创造了一个灵活多用的共享空间。集会、看戏、电影放映、棋牌娱乐乃至红白喜事都发生在这个小村落的大屋檐下。在整个设计过程中，东梓关村是基于现代生活需求，通过对传统美学的抽象演绎，实现了充满人间烟火的当代江南民居新范式。

在如今互联网的背景下，城市和乡村的边界越来越模糊，模糊之后的结果就是融合。东梓关建成后在网上受到了大量的关注，甚至变成了当地旅行线路中的一个"人造景点"。类似的，中国有非常多的回迁民居，最后未必全是原住民在使用，会出现一些新型的居住群体。比如，在浙江、上海，有些退休老人，他们会从城里面搬到乡村租住，一住就是半年；还有一些年轻人会跑到这里来开茶室、民宿或者做工作室。

我们在浙江丽水建了一处"松阳原舍·揽树山房"，在这个项目中，人群需求和建筑设计互为引导，经营性民宿、可出售的乡村度假屋、村民回迁安置房多种人居空间同时存在，不同的建筑表达使得多种功能在同一区域里得以共生，多元混居场所随之形成。这些混居群体，会对共享空间、文化空间产生新的需求。如何满足他们这些需求，并让他们和谐共处，这一切最后一定会映射到我们的空间生产中，也是一种对城市乡村人群聚居新模式的探索。

▲ 从农民回迁安置房到人造景点

▲ 莫干溪谷·一亩田

▲ 松阳原舍·揽树山房

Q：你提倡乡村的现代化，而不是一味追求风貌控制。我们怎么理解这种"现代化"？

孟凡浩：乡村和现代化肯定不是一个矛盾体。任何事物都是有时间性的，也就是我常说的与日俱新。欧洲的乡村，田园风光的自然中也有不少新建民居，也没有完全承袭旧的居住设施，会通过更新和改造，以便符合现代人的生活方式。我们在杭州近郊新建的乡村度假社区"莫干溪谷·一亩田"，就是在自然起伏的山谷环境中营造了一座当代化的聚落。我们不希望以风格层面的复古怀旧为主导，而是通过在地的建筑材料、建造手段、建筑细节相结合的手法来转译传统聚落，回应当下的诗意性栖居。

在山东泰安的东西门村，我们运用了另一种策略，在泰山旁造了一片"云"——九女峰书房，无论空间形态还是建造手法，它都是一个符合现代观感的书房，在这样一个亟待激活的村落里，它承载着现代人对山间美景和品质生活的需求，建成后更是引起外界关注，产生社会流量，九女峰书房所表达的"乡村现代化"就是基于项目本身的诉求产生的回应策略。所谓的"乡村的现代化"，它是一种自然而然的现代化，而不是我们喊着口号要让它现代化。因为很显然，现在的农民不是以前穿着马褂踩着马车的农民了，乡村也不再是以农业生产为主的居住聚落了。它的产业变了，例如野马岭民宿、松阳·飞蔦集等由古村落改造为文旅度假目的地，居住的人也变了，房子肯定也会变，这些环节一定是同步更新的。

Q：中国整体的设计界在告别了过去对西方设计的参考和焦虑之后，开始转向对自我现实的观照。你认为在这个过程中，中国的建筑设计经历了哪些蜕变？

▲ 野马岭精品度假村落

孟凡浩：我们这代中国建筑师很幸运，正好赶上了中国快速发展的一个浪潮，我们用二十年的时间完成了西方近百年的城市化进程。库哈斯曾经说过，中国建筑师的数量是美国的1/10，用1/5的时间建成美国5倍的建筑量，然而设计费用却只有美国的1/10算起来工作效率是美国的2500倍。中国建筑师这些年以这样一种单位时间的效能完成了超级规模化的建设。与此同时，我们也正在面临种种机会，比如近年来大热的乡村振兴激活、地域建筑实践、历史街区更新，等等。

▲ 荣获第三届丝绸之路木垒菜籽沟乡村文艺奖金奖

建筑的边界在偏向社会化，建筑师同样如此

THE BOUNDARIES OF
ARCHITECTURE ARE LEANING
TOWARDS SOCIALIZATION,
SO DOES ARCHITECTS

▲ 莫干溪谷 · 一亩田

▲ 松阳原舍 · 揽树山房

正是在大量的实践中，中国建筑师取得了巨大进步。过去我们以西方和日本为模板，大量汲取信息和营养，近20年应该是一个补课的状态。现在，又到了一个新的阶段，中国建筑师有了基本的文化自信。你看最近几年，中国建筑师屡屡站上国际舞台，斩获国际奖项，这是一个非常好的趋势。

现在，我们要做的是思考中国本土建筑的未来。过去，我们为世界贡献的可能是一个巨大的市场。经历了快速城市化，我们也逐步进入存量时代。市场的需求总量减少后，建筑界也进入了一个相对的冷静期，让我们可以拓展思考的深度和广度。我们未来可能要做的是，输出文化，输出理念，建立根植于我们自己文化的体系。我相信，在中国如火如荼的建设中，一定会催生出不一样的建筑师，不一样的建筑设计机构，以及有中国特色的、差异化的空间生产模式。

Q：威尼斯建筑双年展特别关注建筑师作为"空间契约的诚挚组织者与监护者"的身份，你如何看待这样一种身份描述？

孟凡浩：建筑师身份的边界在变化。过去，人们看建筑师就是一个工程师，是解决问题或盖房子的人。而当下，建筑师的角色更像一个组织者的角色。比如一些乡村项目，光靠建筑师是不行的，需要很多学科的人共同介入，建筑师就必须具备综合性的知识背景，才能整合一个综合性的团队，从多维度展开工作。所以，策展人对建筑师的这种身份描述是与当下的社会结构、政治环境和我们身处的这个多元化的世界有关的，建筑师的身份边界更偏社会化了。

Q：近来，一个比较热的社会话题是"附近的消失"。各种技术手段的出现，直播、外卖、快递……人们对"即时性"的需求越来越强，对"附近"的空间感受日渐丧失，包括虚拟空间对现实空间的挤压。在这种趋势下，你认为未来，在构建现实社群、社区和建筑个体上，建筑或有怎样的改变和未来？你如何看待这种趋势？

孟凡浩：对，现在每个人都能感受到互联网的力量在日益增强，物理空间好像没有过去那么重要了。每个人通过一个屏幕就可以社交。线上商城、快递外卖等，都在冲击现代城市的空间价值格局。大数据、物联网的迅猛发展，人的需求被信息化为数据，这使得未来城市的空间资源分配格局可能会依据人的数据而重组迭代。

但在这种趋势下，我依然相信实体空间有它自己的一些优势，比如线下社交体验的乐趣，餐饮、娱乐业的即时体验。无论实体空间还是虚拟空间，归根结底，不能忽视"人"本身的真正价值，技术终归还是一把双刃剑，关键是看我们怎么去运用。

Q：近些年，你所实践的这些乡村项目，对你个人的建筑理念有哪些影响和反哺？

孟凡浩：过去，我可能是一个传统建筑师的思维，觉得学了建筑，就要把房子盖漂亮。最近几年做的这些乡村实践，在保证了我一直坚持的空间品质的同时，我开始尝试通过自己的设计，去回应具体、现实的问题，并提出创新性的解决方案。

就像我刚才提到的九女峰书房所在的"故乡的云"项目，这个项目名也是我们和业主共同讨论出来的，表达离家在外游子的回乡之路。在设计的过程中，我们从项目前期策划定位就参与一起制定任务书，与后期运维团队密切交流，将建筑设计主动和上下游产业链融合。各方力量的积极投入，被破坏的生态环境得以修复，流失的原住民返乡创业，落魄的小村庄成功脱贫……这些看起来都是建筑师职责之外的事，但又恰恰因为建筑师的介入而发生，

▲ 被授予 RIBA China Architects: Building Contemporary China 参展证书

投资方、政府、村民都获得了收益，政府部门也将这里设置为"乡村振兴"典范，省级、市级的领导班子带队参观，给予肯定和政策扶持，刚刚过去的"五一"黄金周期间接待游客达上万人次。这是通过设计为乡村带来的价值溢出，这个价值不是眼前的物质价值，更多的是一种社会价值、生态价值，是一种对未知的探索和尝试，也是建筑师在当下的社会性和责任所在。

建筑师不能永远把自己局限在一个技术人员或工程师的角色范畴里，应该多介入一些社会问题，同时要勇于批判，敢于回应。所以我在实践中提出了"文化赋形（Form Giving）"和"空间赋能（Space Empowerment）"两大并行的理念，一个强调建筑学本体的传承创新，另一个则是挖掘建筑在社会、经济、文化等顶层领域的多元价值。

Q：你在2023年获得第三届"丝绸之路木垒菜籽沟乡村文学艺术奖"，这个奖对你来说有何特殊的意义？

孟凡浩：这个奖项是由茅盾文学奖获得者、中国著名作家刘亮程老师发起，奖励在中国乡村文学、音乐、绘画、建筑等艺术领域做出贡献的人士，虽然不是建筑学领域的奖项，但是各位评委在文化和艺术领域都是非常重量级的。第一届获得者是贾平凹，第二届是王刚，2023年这一届主奖领域正好是建筑，我很荣幸被提名并获得最终唯一的大奖。

奖项设立在木垒菜籽沟，虽然是在中国边疆一个极为微小的村子里，但是具有非常大的意义。此次的获奖，不仅是对我们团队的鼓励，更是对我们这些年来建筑赋能乡村模式的肯定和激励。从浙江东梓关、山东泰安九女峰、贵州龙塘，再到现在的总书记"两山"理念发源地安吉余村、宁波象山石浦渔港古城，每一个项目都是一个小标本，代表一种类型，我们实践的地域范围越来越广，遇到的问题也越来越复杂，但我们会坚持用因地制宜、量身定制的策略和方法来回应，始终怀着一颗敬畏之心，任重而道远。

Q：你对建筑设计保持"专注"的秘诀是什么？是热爱吗？

孟凡浩：可能我是一个幸运儿，兴趣和职业重合了，因此我还是比较享受当下的工作状态。每一次设计都像一场旅行，去不同的地方，面对不同的人，了解不同的风土文化，适应不同的气候，遇到各种不确定的事儿，带给我不同的体验。我不喜欢把时间花在重复的、标准化的工作上，更愿意迎接多样的挑战。

同时，我也发自内心地觉得，有那么多好业主信任我们，我们把设计做好，也是最基本的一种责任。看见自己设计的房子产生社会性，为大众所喜爱，还是很有成就感的一件事。

▲ 受邀在谢菲尔德大学做演讲交流

▲ 受邀出席2023威尼斯双年展中国国家馆策展人论坛

松阳 · 飞蔦集

STRAY BIRDS ART HOTEL, SONGYANG

项目地点
浙江，丽水，松阳

设计单位
line+建筑事务所

主持建筑师/项目主创
孟凡浩

设计团队
徐天驹

业主
松阳蕾拉私旅文化创意有限公司、松阳空山集民宿客栈

运营方
松阳飞蔦集文化创意有限公司

结构配合与施工
杭州中普建筑科技有限公司

室内设计（餐厅）
杭州观堂室内设计有限公司

施工单位
上海成共建设装饰工程有限公司、
台州七零七工程装饰有限公司

建筑面积
1381m²

设计时间
2021/07—2022/07

建造时间
2023/03—2023/12

结构
装配式薄壁轻钢结构

材料
夯土、毛石、轻质混凝土、竹木外墙板、玻璃、铝板

摄影
杨光坤、存在建筑-建筑摄影、陈曦+金子雄、
唐徐国、line+、孙磊（模型）

山东泰安东西门村活化更新

ACTIVATION AND REGENERATION OF DONGXIMEN VILLAGE, TAI'AN, SHANDONG

项目地点
山东，泰安，东西门村

建筑、室内、景观设计单位
line+建筑事务所

主持建筑师/项目主创
孟凡浩

设计团队
陶涛、朱敏、胥昊、张尔佳、黄广伟、袁栋、李三见、
谢宇庭、郝军、徐天驹、涂单（建筑）；
祝骏、金鑫、邓皓、张思思、邱丽珉、胡晋玮、
周昕怡、张宁，王丽婕（室内）；
李上阳、金剑波、池晓媚、苏陈娟（景观）

业主
鲁商朴宿（泰安）文化旅游发展有限公司

结构配合及施工
杭州中普建筑科技有限公司

软装陈设
杨钧设计事务所

建筑面积
2216m²（存量改造），567.56m²（书房及休闲配套）

设计时间
2019/02—2019/08

建造时间
2019/05—2020/09

结构
钢结构、膜结构屋顶

材料
毛石、膜材、钢材、白色喷涂、镜面不锈钢

摄影
章鱼见筑、潘杰、金啸文、陈曦工作室（模型）、孙磊（模型）

舟山柴山岛托老所

ZHOUSHAN CHAISHAN ISLAND ELDERLY CARE HOME

项目地点
浙江，舟山，柴山岛

建筑、室内、景观设计单位
line+建筑事务所

主持建筑师/项目主创
孟凡浩

项目建筑师
何雅量

设计团队
徐一凡、胥昊、王炯皓（实习）（建筑）；
金煜庭、范笑笑、叶鑫、徐以唱、金凯迪、
张玮轩（实习）、陈寒熙（实习）（室内）；
李上阳、金剑波、饶非儿、苏陈娟（景观）

驻场设计师
徐一凡、徐以唱、叶鑫

业主
舟山市普陀区白沙岛管委会

项目策划
朱晓鸣、赵利军

节目合作方
上海东方卫视

施工图合作单位
三峡大学建筑设计研究院

施工总包单位
浙江昌屹建设有限公司

现场施工总负责
赵利军

导视设计
M.TP 104

软装设计
杭州异合空间设计

建筑面积
799m²

设计时间
2023/6—2023/9

建造时间
2023/9—2024/5

结构
钢筋混凝土框架结构

材料
混凝土、钢材、水洗石、涂料、哑光不锈钢、木纤维板、毛石

摄影
存在建筑-建筑摄影、line+

附录
APPENDIX

贵州龙塘村精准扶贫设计实践

LONGTANG TARGETED POVERTY ALLEVIATION
PROJECT IN GUIZHOU

项目地点
贵州, 雷山县, 龙塘村

设计单位
line+建筑事务所

主持建筑师/项目主创
孟凡浩

设计团队
梁曦、朱明松、张罕奇、涂单、石尚流、代圣轩 (建筑)、
金鑫、章镇东、李崇昊 (室内)、
李上阳、金剑波、陈晓蓉 (景观)

业主
融创中国、友成企业家扶贫基金会、龙塘村委合作社

运营方
印主题

建筑面积
2400m² (新建1650m², 改造750m²)

设计时间
2018/08—2019/08

建造时间
2019/08—2020/10

结构
钢筋混凝土结构、预制轻钢装配式结构

材料
玻璃、金属板、毛石、小青瓦、木材、混凝土

摄影
存在建筑-建筑摄影

"两山" 理念发源地安吉余村有机更新

ORGANIC REGENERATION OF YU VILLAGE IN ANJI,
THE BIRTHPLACE OF THE "TWO MOUNTAINS" THEORY

项目地点
浙江, 安吉

设计单位
line+建筑事务所

主持建筑师/项目主创
孟凡浩

设计团队
何雅量、胥昊、杨含悦、徐一凡、柳超、李仁杰、李三见、
邢舒、沈瑞、潘一鸣、李京、李昌昊、郑经纬、
林悜俊 (实习)、董冠男 (实习)

业主
安吉余村城乡建设发展有限公司

规划面积
46hm²

设计时间
2023/01—2023/03

建造时间
2023/1—2023/12

结构
砖混结构

材料
小青瓦、肌理涂料、实木门窗、天然石材、防腐木地板

摄影
line+

象山石浦渔港古城活化更新

RENEWAL OF XIANGSHAN SHIPU FISHING PORT
OLD TOWN

项目地点
浙江, 宁波, 象山

设计单位
line+建筑事务所

主持建筑师/项目主创
孟凡浩

设计团队
陶涛、陈观兴、黄翰仪、朱骁靖、林郁、韩语嫣、徐天驹、李昌
昊、施宇航、张文轩、袁栋、黄晔、王晓坤、宋成成、陈璞瑜、
叶化舟、谢宇庭、陈彬、袁涵、郭正豪、杜晓月 (实习)

业主
象山县旅游集团有限公司、象山石浦老街城市更新建设有限
公司

规划面积
23741m²

设计时间
2022/10—2023/12

建造时间
2024/1至今

结构
木结构、钢结构、钢筋混凝土结构

材料
小青瓦、肌理涂料、水刷石、毛石墙、实木门窗、
铝合金门窗、防腐木地板

摄影
line+

孟凡浩
MENG Fanhao

中国新锐建筑师代表
line+ 建筑事务所联合创始人、主持建筑师
国家一级注册建筑师，教授级高级工程师
英国皇家建筑师学会（RIBA）特许注册建筑师
同济大学建筑与城市规划学院陆谦受教席教授
南京大学建筑与城规学院硕士研究生导师
浙江大学建筑系设计导师
浙江工商大学客座教授

长期致力于城市营造和乡村激活双线并行的创作实践，积极探索并思考现有体制与社会发展现状下城市环境改善和乡村激活振兴的可能性。通过"文化赋形"，强调建筑学本体价值，实现记忆的延续；通过"空间赋能"，在社会、文化、经济等顶层领域，释放建筑应有的力量。

历获英国皇家建筑师学会国际杰出建筑奖、亚洲建筑师协会建筑奖金奖、美国《建筑实录》杂志评选的全球十大设计先锋、中国建筑学会青年建筑师奖、中国建筑学会建筑设计一等奖、丝绸之路中国乡村文学艺术奖金奖、英国 Dezeen 设计大奖优胜奖、德国 iF 设计大奖金奖、WA 中国建筑奖佳作奖等国内外权威学术奖项。入选英国皇家建筑师学会（RIBA）中国百位建筑师。

2021 年作为中国大陆唯一建筑师受邀参加第 17 届威尼斯建筑双年展军械库主题展，2023 年作为十一位当代中国建筑师代表，受邀参加"建筑当代中国"英国伦敦展。此外亦受邀参加了 UIA 里约 / 首尔 / 哥本哈根世界建筑师大会展、北京国际设计周、深港城市 \ 建筑双城双年展、上海城市空间艺术季、广州设计三年展、首届中欧建筑邀请展等国内外重要展览。受邀在美国哈佛大学、英国剑桥大学、谢菲尔德大学、清华大学、同济大学、南京大学、上海交通大学等国内外知名建筑院校发表讲演和教学评图。作品被《Domus》《Detail》《The Plan》《Space》《建筑师》《世界建筑》《时代建筑》等国内外学术出版物收录发表。

作为中国乡村振兴领域的设计先行者和引领者，为浙江、山东、贵州等省打造的一系列城乡融合、共同富裕现代化示范样板，成为现象级乡村振兴典范案例，受到人民日报、新华社、中央电视台、中国新闻周刊、凤凰卫视、三联生活周刊等大量主流媒体及社会媒体的广泛报道与好评。

荣誉奖项

2024 美国建筑师协会（AIA）国际设计奖城市设计表彰奖

2024 意大利 THE PLAN 设计大奖健康类 / 已建成和办公商业 / 未建成类别双料大奖

2024 美国 Architizer A+ 设计大奖专业评审奖

2024 美国 Gold Nugget 金块奖优秀奖（最佳国际商业和特殊用途项目）

2024 年度杭州市勘察设计行业优秀成果三等奖

2023 第三届丝绸之路木垒菜籽沟乡村文学艺术奖设计建筑领域金奖

2023 意大利 THE PLAN 设计大奖城市规划 / 未建成类别唯一大奖

2023 教育部优秀勘察设计二等奖

2023 杭州富阳场口突出贡献人物

2022/2023 ELLE DECORATION 家居廊中国室内设计大奖

2022 美国《建筑实录》Design Vanguard 全球十大设计先锋

2022 第二届筑事奖·乡村美学筑事乡村贡献奖

2022 年度江苏省城乡建设系统优秀勘察设计二等奖

2022 年度南京市优秀工程勘察设计奖建筑工程设计一等奖

2022 美国 Architizer A+ 设计大奖专业评审奖

2022 世界建筑节中国（WAFC）杰出设计奖

2021 英国皇家建筑师学会（RIBA）国际杰出建筑奖

2021 美国建筑师协会（AIA）上海 | 北京卓越设计奖最高荣誉大奖

2021 FX 国际室内设计大奖酒店类大奖优胜奖

2021 Wallpaper* 设计大奖年度最佳公共建筑入围

2021 英国 Dezeen 设计大奖年度最佳酒店室内最受公众欢迎奖

2021 意大利 THE PLAN 设计大奖居住建筑 / 未建成类别唯一大奖

2021 加拿大 AZ 设计大奖优胜奖

2021 美国 Architizer A+ 设计大奖大众评审奖

2021 文化新空间"乡村振兴·设计赋能·年度建筑师"

2021/2020 世界建筑节（WAF）入围

2020 WA 中国建筑奖设计实验奖佳作奖

2020 英国 Dezeen 设计大奖年度新锐建筑事务所

2020 美国建筑师协会（AIA）上海卓越设计奖建筑设计优秀奖

2019 亚洲建筑师协会（ARCASIA）建筑奖金奖

2019—2020 年度中国建筑学会建筑设计奖青年建筑师

2019 德国 iF 设计大奖金奖（中国首次获得建筑设计类别金奖）

2019 美国 AMP 建筑大师奖年度建筑事务所大奖

2019 美国 AMP 建筑大师奖优胜奖

2019—2020 年度中国建筑学会建筑设计奖·乡村建筑专项三等奖

2018 作为中国唯一项目荣获英国 Dezeen 设计大奖优胜奖

2018 意大利 A' Design Award 白金奖、金奖

2018 英国 Blueprint 蓝图设计大奖优胜奖

2018 IDEAT 理想家"远见"大奖

2017—2018 年度中国建筑学会建筑设计奖·田园建筑专项一等奖

2017 美国 Architizer A+ 设计大奖专业评审奖

2016 全国住房城乡建设部田园建筑优秀实例

2016 浙江省优秀城乡规划设计奖一等奖

出版物

2024 Shenzhen Yunhai Forest Service Station. *Domus*

2024 松阳·飞蔦集二期. 建筑实践特辑：2023 建筑年鉴

2023 基于地域性的当代微地景研究——以大理洱海生态驿站为例. 当代建筑

2023 云南东风韵艺术中心. 建筑实践特辑：2022 建筑年鉴

2023 云南东风韵艺术中心. 共享·共生·共栖——共同参与的中国建筑

2023 乡愁，或城市梦想——阅读莫干溪谷·一亩田度假酒店. 时代建筑

2023 三亚海棠湾医养示范中心 . 建筑实践特辑：2022建筑年鉴

2022 孟凡浩：朔 · 非遗艺术馆 . 院儿——从最大到最小（第17届威尼斯国际建筑双年展中国国家馆馆册）

2022 杭州威星智能总部 . 建筑细部

2022 飞蔦集 · 松阳陈家铺 . 世界建筑

2022 SHAPING CHANGES. *THE PLAN*

2021 line+ 空间赋能 . 孟凡浩、朱培栋著 . 东华大学出版社

2021 泰安九女峰 · 故乡的云 . 时代建筑

2021 乡愁与城市梦 . 世界建筑

2020 泰山九女峰书房 . 建筑实践

2020 杭州中节能西溪首座 . 建筑实践

2020 工厂化预制与手工艺再生——飞蔦集 · 松阳陈家铺 . 建筑技艺

2020 人工化的自然——松阳原舍 · 揽树山房 . 建筑技艺

2019 东梓关乡村复兴实践 . 建筑实践

2019 松阳原舍 · 揽树山房 . 建筑实践

2019 乡村公共空间营造与东梓关实践再思考——杭州富阳东梓关村民活动中心 . 新建筑

2019 Teahouse in Jiuxing Village. *Architecture & Culture*

2019 Dongziguan Villagers' Activity Centre. *DETAIL*

2019 开放的围城——杭州西溪首座办公园区营造记录 . 建筑技艺

2019 大屋檐下的小世界——东梓关村民活动中心 . 室内设计与装修

2019 工厂化预制与手工艺再生——飞鸢集 · 松阳陈家铺 . 室内设计与装修

2018 隐居江南精品酒店项目 . 中国建筑设计作品选 2013-2017

2017 Dongziguan Affordable Housing. *SPACE*

2017 Dongziguan Affordable Housing. *Domus*

2017 杭州富阳东梓关回迁农居 . 城市建筑

2017 杭州富阳东梓关回迁农居建造实践 . 新建筑

2017 杭州隐居江南精品酒店设计探析 . 新建筑

2017 杭州涌清府当代流艺术馆 . 新建筑

2017 乡村低收入住宅——杭州富阳东梓关回迁安置农居 . 融合之间——转型中的当代中国建筑

2017 抽象与重构——杭州东梓关农居设计策略探索 . 小城镇建设

2016 抽象与重构——杭州东梓关农居设计策略探索 . 建筑师

2016 活力乡村写意江南——杭州富阳东梓关回迁安置农居 . 室内设计与装修

2016 东梓关农居中的"南大建筑"之素养 . 2015-2016南京大学建筑与城市规划学院建筑系教学年鉴

学术展览

2024/2023 RIBA China Architects: Building Contemporary China（建筑当代中国），英国伦敦 / 中国天津 / 中国深圳

2024 自然 生活 传承——美丽中国特展，韩国首尔

2024 大地之歌 · 2024美丽中国纪事，北京

2024 矛盾中的秩序：line+ 六周年作品展，上海同济大学

2024 本土设计——城市更新巡展，杭州

2024 广州设计三年展，广州

2023 "更新 · 共生" 第18届威尼斯建筑双年展中国国家馆展览，意大利威尼斯

2023 UIA 哥本哈根第28届世界建筑师大会中国馆，丹麦哥本哈根

2023 "化石成金" —— 2023年当代国际首饰与金属艺术三年展暨国际巡回展，上海

2023 CADE 建筑设计博览会 "材料的可能性" 空间装置特展 & "焕而新生" 城市更新主题展，上海

2023 第二届筑事奖 · 乡村美学特展：近处的远方，成都

2023 上海城市空间艺术季 SUSAS，上海

2023 大地之歌—— 2023美丽中国纪事，北京

2023 宁波慈城 "古城复兴，人地情节" 中国建筑师作品展，宁波

2023 海南国际文创周，三亚

2022 特写——美丽中国的一百个艺术实践，杭州

2022 艺术设计助力民族地区乡村振兴主题展，武汉

2022 庆祝香港回归25周年城市规划建筑设计成就展，杭州

2022上海新城设计展，上海

2021 "How Will We Live Together?"第17届威尼斯建筑双年展主题展，意大利威尼斯

2021 UIA里约第27届世界建筑师大会中国建筑展，北京

2021乡村建设：建筑、文艺与地方营造实验，景德镇

2021返田归土：建筑师在乡村，成都

2021第三届石无限设计展，厦门

2020空间赋能：孟凡浩＆朱培栋设计实践作品展，杭州

2020 "Vicissitude of Vision：首届中欧建筑邀请展2020-2021"，中国上海/德国斯图加特

2019 "回归设计本源"清华建筑设计院青年建筑师作品展，北京

2019上海城市空间艺术季SUSAS，上海

2018 "新营造·东方传统建筑与群落再生设计展"北京国际设计周新营造，北京

2018 "空间在左，内容在右——活力社区塑造法则"上海设计周，上海

2017 "城市共生"深港城市\建筑双城双年展，深圳

2017 UIA首尔第26届世界建筑师大会中国馆，韩国首尔

讲座论坛

2024同济大学"共情与共鸣"主题讲座，上海

2024 "本土设计——城市更新巡展·杭州展"学术论坛，杭州

2023剑桥大学"Shaping Memory（记忆的延续）"主题讲座，英国伦敦

2023谢菲尔德大学"Future Memories（与日俱新）"主题讲座，英国谢菲尔德

2023第18届威尼斯双年展中国馆策展人"更新·共生"论坛，意大利威尼斯

2023 "在地与在场——建筑实践报告"四川省建筑师学会年会，成都

2023第一届中国建筑学会青年建筑师讲堂，广州

2023第七届设计互视"从材料出发"论坛，深圳

2023 "建筑实践：实现共同富裕的媒介"国际研讨会，杭州

2022 RIBA TALKS全球建筑交流"Rural Nostalgia – Urban Dream"主题演讲

2022南京大学一二O周年校庆建筑校友会校友系列"空间赋能"主题演讲，南京

2022 IAF锋建筑节全球启动礼，杭州

2021第二十七届UIA世界建筑师大会中国展学术活动，北京

2021清华大学"演变中的乡村建筑"主题讲座，北京

2020中央美术学院"乡愁与城市梦"主题讲座，北京

2020中国建筑设计研究院"空间赋能"主题讲座，北京

2020 "乡村振兴战略下的好设计、好营造论坛"中国建筑学会学术年会，深圳

2020北京建筑大学主题讲座，北京

2020上海交通大学主题讲座，上海

2020 "未来设计的可持续发展"羊盟设计观察，广州

2019清华建筑设计院青年建筑师论坛"与日俱新，回应自然"主题讲座，北京

2019亚洲建筑师协会达卡主题论坛，孟加拉国达卡

2019第二十六届当代中国建筑创作论坛，西安

2019 "新时代本土建筑文化和技艺的融合与创新"中国建筑学会学术年会，苏州

2019第一届南京大学乡村振兴论坛，南京

2018 "面向未来的乡村建筑创作"湖南大学当代乡村建设创作论坛，长沙

2018浙江大学"聚落重构"主题讲座，杭州

2018中央美术学院松明学社乡建讲堂"转译与重构"主题讲座，北京

2017文心匠意——民居营造技艺走近现代生活学术研讨会，金华

2017第二届中国国际民宿发展论坛，杭州

2017中国乡村复兴论坛·台江峰会，贵州

2016 "乡村的火种"海峡两岸乡村营造交流论坛，昆山

于《存故以新：乡村赋能与新生》付梓之际，百感交集。这本书不仅是我十年乡建实践的阶段性总结，更承载着诸多师友的深情厚谊与鼎力相助。在此，我谨怀感恩之心，向成长路上给予我指导、支持与启发的每一位前辈与同道，致以最诚挚的谢意。

回溯学生时代，研究生导师张雷教授对我影响甚巨。他教会我，建筑设计是基于限定条件的分析、推理与应对，是一场逻辑与策略的严密推演。这种"实事求是、以调研为始"的方法论，不仅奠定了我的设计基石，更深刻塑造了我日后乡建实践的路径。在张雷联合建筑事务所的工作经历，也让我初探先锋事务所的批判性思维，理解如何以研究为手段推进实践。

而在 gad 的工作经历，则是另一场极为重要的历练。感谢王宇虹总、黄宇年总、张微总这些行业前辈，让我学会了如何在商业化市场中坚守建筑的品质感与价值感。正是在 gad 这个平台上，我得以有机会接触到了东梓关回迁农居项目，这是我乡建实践的起点，也是我对"建筑赋能"这一命题的初次体悟——建筑不仅是设计与建造，更是对社会与文化的深远回应。

借宿创始人夏雨清的出现，让我得以深入浙西南传统村落研究。松阳飞蔦集项目历时六年，这期间我们共同面对了无数挑战，从传统手工技艺与现代工业预制技术的配合，到应对复杂的地形和村民的需求。夏雨清的坚持和对民宿发展的独到见解，让飞蔦集得以从几座老夯土房蜕变成为如今备受瞩目的民宿，为当地乡村发展注入了新的活力。

九女峰项目，感谢当时山东省鲁商集团高洪雷书记、赵衍峰战略官，朴宿文旅创始人马春涛先生和刘喆女士的信任和支持，让我有机会实现了一次全链条式的乡村振兴实践。从策划到规划，从建筑到运营，我们为贫困村开创了全新的文旅与商业模式。项目的成功离不开政府、投资方、运营方与村民的通力合作，是所有人的齐心协力让九女峰焕发出前所未有的生机。

贵州龙塘项目，感谢国务院扶贫办友成基金会和融创中国的信任与支持，让我们有机会参与到精准扶贫公益项目中。也特别感谢印主题旅居创想文化有限公司韩永坤董事

后记
POSTSCRIPT

长、贵州龙塘村文冲主任和融创中国刘晓婧女士、张蕾女士的鼎力支持，你们的远见与执行力，让村民实现了长期稳定的分红，建筑真正成为为民谋福的纽带。

东方卫视《梦想改造家》舟山柴山岛托老所项目，则是一次充满温情与挑战的特殊旅程。在节目组的支持下，让柴山岛托老所的故事得以被更多人看见，也让我们将"建筑应对老龄化"的思考化为现实。感谢舟山白沙管委会叶增浩主任，感谢赵利军、朱晓鸣两位好友的策划和现场协调执行。

另外，我还要衷心感谢常青院士、左靖老师、刘亮程老师一直以来对我乡村更新实践的关注和指导，并拨冗为书作序，同时还要感谢象山县委包朝阳书记、象山县旅投任先顺董事长、浙江中青旅研究院叶璐院长、安吉天荒坪镇贺苗书记、安吉余村党支部汪玉成书记、富阳区场口镇王龙华书记、富阳区规划局盛国宏等在项目设计推进过程中给予我们的帮助和支持。

此外，UED杂志社执行主编杜丙旭、编辑赵祎琛，出版顾问徐文力，以及我们事务所的方怡、叶莉莎、奚燕纹、刘欣慧、任锴航、杨含悦等小伙伴，在编辑与排版过程中倾注了大量心血，以辛勤付出成就了本书的精彩呈现，我深表感激。

最后，我要向我自己团队的每一位成员表达最真挚的感谢。是你们，与我并肩走过这十年的风雨历程，共同探索建筑的本源与价值。你们的信任与支持，是我撰写此书的力量源泉。我满怀期待，期待与你们继续书写接下来的创作新篇章。

希望这本书能够启发更多关注乡村建设的同行与读者，也期待在未来的实践中，与更多志同道合的伙伴携手同行，共创美好乡村。

2024年11月于杭州西湖区教工路198号B幢

图书在版编目（CIP）数据

存故以新：乡村赋能与新生 / 孟凡浩著 . -- 沈阳：辽宁
科学技术出版社 , 2024. 10（2025. 3 重印）. -- ISBN 978-7-
5591-3755-5

Ⅰ . TU982.29

中国国家版本馆 CIP 数据核字第 2024UQ5386 号

出版发行：辽宁科学技术出版社
　　　　　（地址：沈阳市和平区十一纬路 25 号　邮编：110003）
印　刷　者：广东省博罗县园洲勤达印务有限公司
经　销　者：各地新华书店
幅面尺寸：210mm×260mm
印　　张：21
字　　数：400 千字
出版时间：2024 年 10 月第 1 版
印刷时间：2025 年 3 月第 2 次印刷
责任编辑：杜丙旭 赵祎琛 关木子 王玉宝 于峰飞
封面设计：关木子
版式设计：关木子
责任校对：王玉宝

书　　号：ISBN 978-7-5591-3755-5
定　　价：298.00 元

联系电话：024-23284360
邮购热线：024-23284502
http://www.lnkj.com.cn

图片摄影（按首字母排序）： 陈曦工作室、陈曦＋金子雄、存在建筑 - 建筑
摄影、DONG 建筑影像、侯博文、胡栋、金伟琦、金啸文、line+、柳炫竹、
潘杰、全球知识雷锋、孙磊、唐徐国、夏至、杨光坤、杨啸、姚力、章鱼
见筑、赵奕龙、知了青年

本书图纸均由 line+ 提供

2014

杭州富阳东梓关乡村复兴实践

设计时间：2014年
建成时间：2018年
项目位置：杭州，富阳区，东梓关村
建筑面积：回迁农居15286.98m²，村民活动中心686.6m²

已建成

2015

野马岭精品度假村落

设计时间：2015年
建成时间：2016年
项目位置：浙江，金华，浦江
建筑面积：8297m²

已建成

—————— gad 时期

—————— line+ 时期

2016

松阳原舍 · 揽树山房

设计时间：2016年
建成时间：2019年
项目位置：浙江，丽水，松阳
建筑面积：2688.27 m²

已建成

2017

渔乡茶舍

设计时间：2017年
建成时间：2019年
项目位置：浙江，杭州，建德
建筑面积：2463 m²

已建成

莫干溪谷 · 一亩田

设计时间：2017年
建成时间：2019年
项目位置：浙江，湖州，德清
建筑面积：9596.29 m²

已建成

朔 · 非遗艺术馆

设计时间：2017年
建成时间：2020年
项目位置：浙江，杭州，建德
建筑面积：2388 m²

已建成

金华武义抱弄口村振兴计划

设计时间：2018年
项目位置：浙江，金华
建筑面积：7210m²

方案

上海浦东新民居

设计时间：2019年
项目位置：上海，浦东
建筑面积：15770m²

方案

建德黄饶半岛

设计时间：2019年
项目位置：浙江，杭州，建德
建筑面积：12467m²

方案

2018

2019

北京延庆·百里乡居画廊里休闲度假区

设计时间：2018年
建成时间：2020年
项目位置：北京，延庆，大石窑村
建筑面积：17613m²

已建成

贵州龙塘精准扶贫设计实践

设计时间：2018年
建成时间：2020年
项目位置：贵州，雷山县，龙塘村
建筑面积：改造750m²，新建1650m²

已建成

松阳·飞蔦集

设计时间：2018年
建成时间：2024年
项目位置：浙江，丽水，松阳
建筑面积：1381m²

已建成

泰安东西门村活化更新

设计时间：2018年
建成时间：2020年
项目位置：山东，泰安
建筑面积：改造3023m²，新建567m²

已建成

富阳江滨村

设计时间：2023年
项目位置：浙江，杭州，富阳
建筑面积：61986m²

在建中

杭州桐庐·梅蓉村产业发展研究和规划

设计时间：2024年
项目位置：浙江，杭州，桐庐
建筑面积：250000m²

设计中

2023

2024

"两山"理念发源地安吉余村有机更新

设计时间：2023年
建成时间：2023年
项目位置：浙江，安吉
规划面积：46hm²

已建成

西藏林芝国际汽车营地

设计时间：2024年
项目位置：西藏，林芝
建筑面积：16500m²

在建中

舟山柴山岛托老所

设计时间：2023年
建成时间：2024年
项目位置：浙江，舟山，柴山岛
建筑面积：799m²

已建成

浙江嵊泗花鸟悬崖酒店

设计时间：2024年
项目位置：浙江，舟山
建筑面积：10331m²

方案竞赛

寺文化保护与提升

020年

江，杭州

000m²

福建南平市闽北新农居

设计时间：2021年
项目位置：福建，南平，石屯镇
建筑面积：10827m²

在建中

象山石浦渔港古城活化更新

设计时间：2022年
项目位置：浙江，宁波，象山
建筑面积：23741m²

在建中

2021

2022

广州畿云瑶精品度假酒店

设计时间：2021年
建成时间：2023年
项目位置：广东，广州
建筑面积：2230m²

已建成

黄山鲁宅

设计时间：2022年
项目位置：安徽，黄山
建筑面积：650m²

在建中